KB266424

슈퍼 스도쿠
500문제 스프링북

지은이 오정환

e-스포츠 대회인 월드 사이버 게임즈(WCG)에 2004년과 2009년에 국가대표 프로게이머로 선발될 정도로 게임 분야에서 활발한 활동을 해왔다. tvN 대학토론배틀 심사위원과 〈문제적 남자〉의 전문 패널로 출연하고 신문, 잡지 등 여러 매체에 게임성을 접목한 응용 퍼즐을 연재해 좋은 반응을 얻고 있다. 현재 뉴욕증권거래소(NYSE)와 나스닥 증권 트레이더로 일하고 있다. 멘사코리아 퍼즐위원회와 함께 《멘사코리아 논리 트레이닝》《멘사코리아 수학 트레이닝》을 만들었고, 《슈퍼 스도쿠 500문제 중급》《큰글씨판 슈퍼 스도쿠 100문제 기초》《큰글씨판 슈퍼 스도쿠 100문제 초급》《큰글씨판 슈퍼 스도쿠 100문제 초급 중급》 등을 만들었다.

SUPER SUDOKU

슈퍼 스도쿠 500문제 스프링북

오정환 지음

보누스

CONTENTS

SUPER SUDOKU 500

가이드

슈퍼 스도쿠에 도전한다

스도쿠의 규칙

스도쿠를 풀기 위해서는 '가로, 세로, 3×3 박스의 9개 칸에 1부터 9까지의 숫자를 채워 넣는다'는 기본 규칙만 지키면 된다.

스도쿠 푸는 요령

〈예1〉은 스도쿠를 이 규칙에 따라 일부 풀어낸 모습이다.

〈예1-1〉에는 아직 풀지 못한 셀의 왼쪽 위에 작은 글씨로 후보숫자를 적었다. 후보숫자란 각 셀 안에 들어갈 수 있는 숫자를 말한다.

7	9		1		3		8	2
2		6	7					5
		3			2		7	
			2		6		4	9
6	3		8		4		5	
	2							
3	6			7	1	5	2	8
8	7			2	5		1	3

예 1

컬럼과 박스가 교차하는 영역 살펴보기

〈예1-1〉에서 색칠한 왼쪽 박스들과 컬럼2가 교차하는 영역을 보자. 컬럼2의 셀들에는 후보숫자 8이 4개 적혀 있다. 그런데 박스1에 들어갈 후보숫자 8은 박스1과 컬럼2가 겹치는 영역에만 들어가야 한다. 이 중 하나가 남아야 하므로 컬럼2의 셀들 중 박스1과 겹치지 않도록 다른 영역의 후보숫자 8은 제거해야 한다.

7	9	45	1		3		8	2
2	148	6	7					5
145	1458	3			2		7	
15	158	1578	2		6		4	9
1459	1458	124589						
6	3	1279	8		4		5	
1459	2	1459						
3	6	49		7	1	5	2	8
8	7	49		2	5		1	3

예 1-1

2개짜리 짝 찾기

〈예1-2〉의 컬럼3에 작은 글씨로 써넣은 후보숫자들을 보라. 컬럼3에서 셀8과 셀9에는 각각 4 또는 9만 들어갈 수 있고, 다른 숫자는 들어갈 수 없다. 이렇게 2개의 셀에 들어갈 답이 좁혀졌으므로 이 컬럼의 다른 셀에 적힌 후보숫자 중에 4와 9는 제거한다. 그러면 컬럼3의 셀1에는 5만 넣을 수 있다. 스도쿠의 나머지 부분도 이 방법을 이용해 채워나갈 수 있다.

7	9	45	1		3		8	2
2		6	7					5
		3			2		7	
		1578	2		6		4	9
		124 589						
6	3	1279	8		4		5	
	2	1459						
3	6	49		7	1	5	2	8
8	7	49		2	5		1	3

예 1-2

숨겨진 2개까지 짝 찾기

로우5에는 후보숫자 2와 8이 2개의 셀에 함께 있다. 즉 2와 8은 2개의 셀에만 일정한 규칙대로 들어갈 수 있다. 그러므로 이 2개의 셀에 다른 숫자는 들어갈 수 없다. 따라서 〈예1-3〉에서 보듯이 이 2개의 셀에서 다른 후보숫자를 지울 수 있다.

7	9	5	1		3		8	2
2		6	7					5
		3			2		7	
			2		6		4	9
1459	145	1258	359	1359	7	123 68	36	16
6	3		8		4		5	
	2							
3	6			7	1	5	2	8
8	7			2	5		1	3

예 1-3

SUPER SUDOKU 500

초급 1

001

6	7		2	4	3		8	1
1				8				7
8		6	7		1	4		5
				2				
7		1	4		9	6		8
9				7				4
2	8		5	1	6		9	3

002

5	6		2	7	3		4	1
1		3	9		5	7		2
8		7				6		5
				5				
2		6				4		3
3		2	8		6	1		4
	8		4	1	2		6	

003

9		7		6		1		3
			7		9			
	4	8				2	7	
8			9		4			1
7	1			5			8	4
4			1		7			2
	8	2				4	9	
			4		8			
5				2				7

004

1	4							3
2	7						8	
			8	5		4		1
		9			1			2
		4		2	6	5		
	5		9	7		6	1	4
		3		8	5			
	2				4		9	
4		1	7		9			

005

	2		7		4		5	
1		9		8		6		
	8						9	
4			2		6			8
	1			5			6	
5			8		7			9
	4			3			7	
3		5		7		4		2
	7		4		5		1	

006

	1					8		
	4		1	2		7		5
		7		8	5		9	
7	6				4			3
		4		1		6		
1			2				8	9
	3		6	5		9		
9		5		4	8		6	1
		6						

007

			5	8	1			
		9				4		
	6		2	4	9		3	
9		1				5		3
7		4		9		1		6
8		6				2		7
	7		9	2	6		1	
		5				6		
			4	7	5			

008

	4	7				5		1
2			8		7		6	
6			1		5			4
	7	9				2	3	
	6	8		7		1	4	
3			9		1			5
	9		2		6			8
8		1				6	9	

009

4	9		2		5		1	7
8				1				6
5		1				2		9
	1		4		8		3	
	7			9			5	
			1		7			
		2				4		
3				4				5
1	4	8				6	7	3

010

4	1							6
	7							
5	9		8	3	4	7	1	
							3	
			7	5	6	2	4	
1	5		4	6	2	3	8	
	6						2	
8	3		9	1	5	6	7	

011

	1	3					7	5
	8							
7	4		1	2	9	3		
	5					4		
	6		4	7	3	8		
	9		2					
	3		9	4	6	7		
	7							
	2	1	5	8	7	6	4	

012

7	4	8				6	1	3
9		6						2
1		2						7
			8	5	6			
6			7		3			9
			4		2			
4						9	6	8
8						4		1
3	9	1				7		5

013

5				4				3
	6		8		5		1	
4				9				7
	5		6		9		3	
				8			2	
3		9	4	1	7	5		6
1				7				5
	3		9		8		7	
9				6				8

014

1				2				3
	5	4				8	7	
7				8	3			9
6			8		2			7
2	8	3		1		6	4	5
		1						
		2		7		5		
9	6						8	4
		7		4		9		

015

1		6		7		4		3
			3		4			
4				2				5
	7		2		6		8	
2		9				3		1
	8		1		9		7	
7				5				8
			7		8		5	
9		8		1		6		7

016

1	8			4			7	9
	5						8	
		4	6		7	5		
	6	9				8	3	
			4	7	9			
7							5	
		6	5		4	2		
	4						6	
5	2		3	9	6		4	1

017

1				4				8
	4		1		9		6	
		5		8		2		
7			4	3	6			9
	8					3	7	
9			8	5	7			4
		8		7		5		
	7				4		8	
3				6				7

018

3	6	5				4	7	1
2				4		3		
1				3		2		5
			1	8	4			
	1						8	
			2	5	9			
6		4						3
		2		7				9
9	7	1				8	5	6

019

9		1						3
		8		5				6
6	7	2				8	9	5
			4		1			
	2		3	8	5		6	
			2		6			
5	6	7				1	3	4
		9		4		2		
		3				6		9

020

	5			3			7	
4		6		2		5		9
	8	1					6	
			5	1				2
7	9		2		3		8	5
				4				
	4	3					1	
5		9		8		4		7
	6			9			5	

021

1				6		8		9
9	6		8		5		3	
7				9		5	6	
				3	1	6		
			6		4			
		5	7	2				
	4	6		5				1
	2		4				8	
5		9		7		3		6

022

		8	3	1			9	4
	1				5			3
	7		2		6		8	
		7			8		1	6
				3				
	4		1			3	2	
6		9			3			2
	8			2		6		9
2		4	6				7	

023

			5				6	1
	6				2			
5		8		6		9		3
1		5		4		7		2
4		9		5		1		6
	7				3			8
	5			7				9
		6	9				7	
7				1	4	8		

024

	9	7		1	3	2		5
						1		
1	6		8		5		4	3
			2				3	
4				3				9
	3				9	7		
2	1		3					6
		8				3		1
9		3	1	2		8		

025

4	7	3	1			9		2
	2		8			5		3
		5					1	
		4		6				
9		8		1		3		4
				4		6		
	5					4		
1		6			9		5	
3		7	2		5	1	6	

026

	2			3	8		1	
7	6				9	8	4	3
	1							
	5			1				
8	9		2	7	3		6	4
				8			3	
							7	
5	3	4	8				9	2
	7		4	5			8	

027

	5	8		1		3	2	
4			8		3			5
1		9				8		7
	1						4	
6				4				2
	2			6			8	
2		5				1		8
3			7		8			6
	7	6		5		4	9	

028

3		5	6	2	1			4
				5				6
4	6		7		8	5		
	1						5	
7		4				3		9
	9						1	
6	2		4		3	1		
				9				8
9		7	8	1	5			3

029

1				8				9
	8			9			4	
7		5				8		6
	3	1	4		7	5	6	
8								3
	7	2	8		3	4	9	
4		8				1		5
	6			1			3	
3				7				2

030

6				1		8	9	
		8		7	9			6
	9		5			1		4
	4		9				8	
3		9		5		4		
	8				2		7	
1		5			4		6	
9			8	6		7		
	6	7		2				1

031

	3	5	6		1	9	2	
7				5				1
	8	1	4		2	5	7	
		2				4		
8	4						1	7
	6		2	3	4		9	
	9			2			6	
		6				7		
			9	8	6			

032

1		4	9				6	
	5			6		1		9
	6			1			7	
	2	1	8			7		
			7	2	5			
		8			1	5	3	
	7			5			8	
9		5		8			4	
3	8				7	9		1

033

		1	6				2	
2	4			7		9		8
		6	9			3		1
	7			6			9	
		8	7		9	5		
	2			3			1	
6		2			4	1		
8		9		2			5	4
	3				6	2		

034

5				1				2
	1	2	8	7	9	4	6	
				6				
9			6	5	1			8
	6	8	9		4	3	5	
4				3				1
				9				
		4	3	8	2	9		
	8			4			7	

035

2			3	1	4			7
	1	4		2		8	6	
5								1
			5	4	1			
1	7		8		9		4	2
			2	6	7			
				5				
	4	9				6	8	
7		2		8		1		9

036

				1		4		
				5		6		
		6	9	3		7	8	2
		5		7				
4		3		2				
7		1		4	3	9	5	8
8		2					7	
5		9					1	
6		4	7	8	1	5		

037

4	5	8				2	7	1
		2		4			3	8
3		1						5
			5	9	3			
1				7	6			4
					8			
7	6	4				1	8	3
	2	9		3				7
		3				6		9

038

	1	9	5	7	6	8	2	
	5						4	
	6		2	9	4		5	
	2		3		7		1	
	8		6		1		7	
1	7		4		5		3	9
	4	3				7	6	
5				3				1

039

				1		3		
	1	4	6	5	3	2	7	
		8	5	9	2		3	
7					1		4	
2					6		8	9
6		7	2	3	8		1	
	9	5	1	6	4	7	2	

040

			4		8			
	4			6			3	
			7		9			
1	8	2	5		6	3	4	9
		4						2
7	3	5				1	6	8
4				1		8		
8						2		
9	6	1				7	5	4

041

		2	9		1	3		
	6		2	5	3		9	
	1			8			6	
	2	6		7		9	5	
	3	1	5		6	8	4	
	5						1	
	9						8	
	4	5	6	2	8	7	3	

042

1	6		4	7	3	2		5
7	3			2		1		
			1	9	8	7		
			5	6	1	4	7	
4	1				2		3	
5	8				7		1	
			8	1	4	5	2	
9								

043

7			4	1	8			6
9	6			5			8	7
		1	7	6	5	4		
3	4	7		2		5	6	8
1			9		6			5
		6	8	4	2	9		
4				7				2

044

		4	5	6	1	8		
			4		3			
	1	3	2		8	9	5	
			1	5	7			
1			3		6			2
3			9		4			6
		7	6	4	5	2		
4				3				5
9				1				7

045

5	7		2	3	1	4	6	
				7		1		
3			4	9	6	7	8	
					3			
6			7	8	4	3	9	
9				6		8		
				4		6		
7	3		1	5	8	9	4	
					7			

046

1		5	2	6	3	7		9
			4		9			
8		9		5		4		6
	7		8		5		6	
4		6		9		8		7
			7		6			
9		2		3		5		8
6		7		2		1		4

047

1		5	6	3		8		2
				8				
		2		5		4		
	3		1		5		4	
6	2		8	4	3		1	5
	4		9		2		3	
		7		9		3		
				1				
3		4		2	8	9		7

048

		4						3
		1		9	8	4	5	
5	2	6		3			7	
				8			1	
	1	5	6	2	3	7	8	
9	8			1				
	7			4		3	9	1
	4	9	8	7		2		
						8		

049

	1		7		6			5
4		8		5		2	6	
	9		3					1
3					9		2	
	4	7				6		9
1			8				5	
	6				2			4
5		2		8		9	7	
	8		6		7			2

050

	2		5		8		9	
1	5		2		6		3	8
				3				
9	4						5	6
		1		8		4		
5	3						8	7
				5				
7	9		4		2		6	3
2	8		9		7		1	

051

	5			9			4	
1		9		8		5		2
	4		2		1		6	
		5		3		4		
6	3		9		2		1	5
		1		6		2		
	8		6		5		9	
2		7				6		4
	1			7			2	

052

1	5					8	3	6
		2			8			
		4			9			7
			4	7	3			9
7	9	3				6	5	4
4			9	5	6			
6			2			1		
			8			9		
9	8	1				3	7	2

053

6			4		7			2
	4		2	6	5		7	
			8		1			
3		9				7		8
8	6	4				2	5	3
2		7				1		9
			7		4			
	8		3	5	6		1	
5			9		8			6

054

1			6	4	5		7	9
7			8		9			
			3					
5	3	7				4	9	2
2								6
6	4	8				5	3	1
			2		3			
			4		8		6	5
9	5		7	6	1			8

055

1			5		8			4
	3			9			1	
			1		6			
4	5	3				1	7	8
		2				3		
7	9	8				4	6	2
			4		5			
3	6			8			9	1
	2		9	1	3		4	

056

1		7	6		9	2		3
2			7	4	1			5
4								6
	8	9		6		4	7	
	1	4		2		9	3	
9								7
8			4	7	5			9
7		6				5		4

057

8			1		2			7
5	2	6				4	1	3
		3	6		4	8		
		7		8		2		
	4			9			8	
		5		1		6		
			8		9	7		
7	5	8				9	4	6
4			7		5			8

058

7	1			4			2	3
	3		5		7		8	
	2			1			9	
		3	4			9		
4				6				8
		2			8	7		
	8			5			7	9
	9		7		6		5	
5	4			8			3	1

059

			8	4	5			7
								5
4	5	1	6	7	3	8	2	
		7				9		
6		4		2		1		3
		5				2		
9	7	8	1	5	2	6	3	4
				8				
3	1			9	7			

060

		6				5		
			4	6			3	1
2	5		8					
4	9		5		8		2	6
			2		4		9	5
5	8		1		6			
					2		1	9
9	3			4	1		8	2
		7				4		

061

	1		9	7		3		
6						5		
		2	8				1	
	4			3			5	
3				8	4			1
	9		7				6	
	2				7	1		
		8	5					
		4				2		

062

6	7	3	2				8	
			3				4	
			7	8	5	2		
				5		8	1	2
		8				7		
1	6	2		4				
		9	6	7	1		2	
	3				2			8
	2				8	9	7	1

063

	2						3	
	6	1		3		5	9	
5			2		9			8
	9			4			1	
3		7	6		8	4		9
	4						6	
6		5	1		3	9		7
				5				
2		9	4		6	3		1

064

	8		6			4	3	
7	6		5		3			
	9		4	1				
1	3		7	8	9	6		
		5	2	6	4		1	3
				7	5		2	
			1		6		4	5
	5	6			2		8	

065

	4	6	5	7		2	3	8
	2							1
	1	5	4				6	9
	3							2
	6		1	5	4			3
			2		9			
7	8		3	4	5		9	6
6			9					4
1			6					7

066

	1	2	3		4	8	5	
	7						2	
	6	8	2		1	9	3	
	3		7				6	
	2	9	4		5	7	1	
	5	3	9		7	6	8	
4			1		8			5
7				3				9

067

	9	1	8				4	
			9				2	
2	4		7			3		
	2		5	4		9		
	8	7		1		6	3	
		9		6	7		8	
		6			2		5	3
	1	4			3			
	3				5	8	1	

068

		2	1				3	
8			3	2				1
7				4	5			2
4	7				8	5		9
2		6				3		8
5		8	9				7	4
1			7	5				3
3				9	2			7
	2				1	4		

069

4		3				7		1
	6		1		4		2	
5								3
	2		5		6		3	
6								8
	5		3	4	2		9	
1								9
	4		6		9		7	
		9		7		3		

070

1		6		7		9		8
3		5		9		6		4
			9		8			
4		8				7		9
	5		2		7			
5		7		8		4		2
	1		4					
		4		6		3		5

SUPER SUDOKU 500

초급 2

071

		8	9		3	7		
	7			2			6	
		6				3		
	9		8		4		5	
4		3				8	1	7
7			3		1			9
	3	4		9		2	7	
			2	5	7			

072

	9	5	8					
		2		6		1		8
	4		5		3		9	6
		3				5		2
7		9				3		
2	5		6		7		8	
1		8		4		6		
					1	4	3	

073

		6	5	4			3	9
	4				3			2
1				9		6		7
			2			7		6
		1			8			
8		7		6				
5			9					4
4				2			6	
6	1				7	3		

074

3	5		1	8	6		7	4
		2				1		
	1						9	
	8			2			4	
		1				5		
	4		9		5		8	
8			7		3			6
		3		4		7		
	7			9			5	

075

3	8		2		9		7	4
		6				1		
	1			7			2	
6								7
		1		8		5		
	2		9		6		8	
8			5		1			3
		4		6		2		
	5			2			1	

076

1	8		6		9		5	2
		9		4		8		
			8		3			
6				9				7
	4						9	
		7				3		
8		4		6		7		3
3			1		4			5
	5			3			6	

077

			7		8	4		
	4			9			6	
3		9				7		1
			5	2				8
	1		8		9		2	
5				7	3			
7		2				1		
	3			5			8	6
		6	9		1			

078

				2				
	1	5				3	2	
3			6		8			7
4		1				9		8
	3		9		5		6	
		2				7		
	5			7			8	
1			8		4			5
9		6				4		3

079

6		5						3
	4		2			8		5
1			3				2	
	6	8	9					
					1	3	5	
				5				2
	5			1			6	
8		6		3		2		1
4					7		3	9

080

6				2				3
	4		7		5		8	
		1				7		
	3			1			5	
5		9				4		1
	7			4			9	
		3				5		
	9		6		1		7	
4	1			3			6	9

081

5								8
		4	1		3	6		
	2		8		5		3	
	1	5		4		8	9	
				1				
	7	2				1	5	
	4		9		2		7	
		8	7		1	4		
7								9

082

					1			7
		1	9	2		5		
	2			4	3		6	
	1		7			3		2
2		8		9		6	5	
	5				2		7	
		6		3			8	
			8		6	4		
5				7				

083

		4	5					6
	6				9	4	2	
8					3			1
	3			1			6	
1		8	6		2			
	9			7			1	
4					6			7
	2				8	6	3	
		6	9					2

084

		4	2		1	5		
	1		6	5	7		4	
6								9
4		1		2		3		8
3								2
	2		1		8		7	6
	6						8	
		8		6		7		
			5		9			

085

		1	2			7	5	
	5			8			9	3
		7	6					2
					3	4		
				2		1	7	
	4	2			6	9		
4		3	7					
	9	8		4		2	6	
					1			7

086

		4				6		
	5		9		1		4	
6		8				7		9
	7			9			8	
			4		8			
	2			1			3	
1		9				8		7
	3		7		5		9	
		7				2		

087

			9		2			
	5		1		4		8	
		3		6		4		
3	7						6	2
		6				5		
4	9						1	8
		2		5		7		
	8		3		9		4	
5			2		1			6

088

	1	2			9	3		
8	5			7			2	
3					4			
2		9	1			8		
	4						9	
		8			6	7		1
			6					5
	8			9			6	7
		7	5			9	8	

089

		3	9					6
		8			3	1	4	
	5			1			9	
1				9			2	
		4	7		6	9		
	3			2				8
	2			5			8	
	4	7	2			5		
9					1	2		

090

	2			9			1	
1		3	2		6	9		4
				7				
		8				7		
	7		5		4		2	
		1		3		8		
5			7		9			8
	1			2			9	
		7	6		3	4		

091

1			8		3			2
	6		9		4		8	
		9				4		
		1				8		
			1	2	8			
	7			4			2	
2		7				5		8
8			6		7			9
	4	5				7	1	

092

	3						1	
		1	4		7	6		
	5			2			8	
7			9		4			1
	2		3		1		4	
		3				8		
		4		5		2		
2	6		8		3		7	5
		8				4		

093

	9	8					3	
4		5						8
1	6			4	3			
				5		2		
5			3	1	4			
		4		6				
	4		2	9			5	3
7		1				8		9
	2					1	6	

094

1	8		2		9		4	7
5				7				6
			8	4	1			
		4				5		
		2	7	3	5	4		
		1				9		
9		5				6		2
7	4			9			3	5

095

					1			
	2	3			5		9	1
	7	6					4	5
5			2		6	8		
6			3					
4			1		7	5		
	8	5					2	6
	4	1			2		7	8
					3			

096

				4	7			
		1			6	7		
	6	7				4	1	
	9			6			7	1
6			5		9			4
	5			8			2	9
	3	9				8	6	
		6			4	9		
				9	8			

097

	3	1	9				8	6
	5			7			1	
					8			
	1				9		6	
5	4			2		8	3	
		7	8					4
					5			
	8			1	7		2	
	2	3	6				5	8

098

				7	5	6	8	
			6			3		9
			4					5
	5	9	8					7
3			7			5		8
1				5	4	2	3	
2					8			
5					9			
	6	4	5	3				

099

	1	5				8		
	2						6	
8			7	1	9			5
9					2			3
	6			5			7	
4	8						1	2
2				6				8
	7						2	
		8	2	9	4	7		

100

1			7	5				3
	3						6	
		6	4		1	2		
		3				6		
8	1		9	6	2		3	7
		2		4				
7			8		9			6
	8						9	
		9		2		7		

101

1		2			7	6		3
	5		9					
			2		1			
2		7	4		8	1		5
				9				
5		6	7		2	8		9
			1		4			
							7	
7		9	8			5		1

102

1	5		6		4			8
	2					4	1	5
	3			5				
			3		9			4
		6				8		
2			7		8			
				7			8	
7	6	9					4	
4			1		5		7	2

103

	5	6				4	9	
1			5		8			6
			6	4	9			
			2		5			
	6						5	
			4		7			
	1		8	9	2		7	
7			1		6			8
	9	8				3	1	

104

		8	4		6	2		
	6						5	
4				8				6
1			5		2	9		3
	8						2	
9		4	1		8			7
7				9				5
	5						7	
		9	7		1	8		

105

		5		4		8		
4	9			2			5	3
		1				6		
	1		8		5		2	
	3		9		2		6	
		8	3		4	5		
7	4			8			9	6
		9		7		3		

106

3				7		6		1
7		1			4		2	
	5			3				4
			5		3		4	
4		6				5		
	3			8				9
9			6				1	
	1				9			2
8		7		4		9		

107

3		1				7		6
	8			5			4	
	4		1		7		2	
		7				6		
		8		6		2		
			5		2			
	1			4			3	
4		9		1		8		2
	5		8	7	6		9	

108

		1	3		5	7	2	
	3			4				6
		9	6		1			8
8						5	7	
				6				
	1	3						4
4			7		6	9		
1				3			8	
	2	7	4		8	6		

109

7			1	8	6		4	
		4	5		3			9
	8					6		
	2			7			1	
1			4		2			3
	3			6			2	
		6					3	
3			8		5	1		
	9		6	3	4			8

110

6		5		2				3
	4				7	8		5
1			4				2	
				1				
5		9	7	8	6	4		1
				4				
	5				4			7
8		6	9				5	
4				7		1		9

111

							7	8
		5	8	4	9			1
8	6					4		
	1		4	5			8	
		3				1		2
	4		1	2			6	
9	2					8		
		8	6	9	7			4
							3	9

112

1	6	4				8		
			1	2		7		
		3			6			5
5	2		6		4		3	7
				1				4
9			3		5			
4			5			3		
3		7		9	2		6	8
		5						

113

	4						2	
5		7				8		4
	6		5		4		9	
1			8		9			6
		9				2		
6			7		5			1
	8		1		6		5	
4		6				3		9
	9			7			6	

114

	6			9			3	
7			4		8			6
				7				
	8	6		3		7	4	
1		7				9		8
2	5			8			1	3
			6		7			
	9			4			7	
8		1				4		2

115

		1	5					
	2			1				
9		4	2		6			
	3			6		4		
5		6	7		9		8	
	9			5		7		
4		2	3		5			
	5			9			7	2
		9	8				4	5

116

2		4		8		1		7
	1		4		6		3	
8				2				9
		7		3		8		
	5		8		4		2	
		8				6		
1				9				5
	4		7		5		8	
7				4				6

117

		5			3			7
	4		2			6		
7		9			1		2	
	3		5	4		2		6
6		8		1	7		3	
	5		7			8		9
8		7			6		5	
	1		8			7		

118

1	6			9			7	4
2	9		1		7		8	6
				4				
	1	7				4	6	
4	2			6			5	3
			3		2			
	5			1			2	
	3	2		5		7	4	

119

2		8		7			3	
			1			4	8	2
1						7		9
6	1		3		4		7	
4				8		9		
			5		1			
	6	2		1		8		
8			9				6	
	9	7						5

120

	1	6	3				5	
7				4		6		3
		5	7					9
	2						6	
		3	1	9	4	5		
	5						9	
8					3	1		
4		9		6				8
	7				8	9	3	

121

2	3	5	1	7				
1					8		3	
	6				4			
9		1	2	4				6
	2						1	
5				9	1	2		
			9				5	
	8		3					4
				1	2	8	6	7

122

1								2
		2	9		6	7		
	4			2			3	
		4	6		9	3		
			1		3			
	5	8		4		9	6	
5			7		8			4
	2	6		3		5	8	
			5		2			

123

6			5		2			3
	7	1				4	5	
2				7				1
	1		4	5	8		6	
	5			2			7	
5		2				6		8
8			3		4			5
	6	4				9	3	

124

2	3			1			7	6
	1		2		9		4	
		7		6		1		
3				2				7
	6		4		5		1	
1		2		3		5		9
		3	7		1	8		
	9			5			2	

125

		1					8	7
	7		1			2		
	9		8		4		3	
4			7		8		2	
	8	6			9		5	
				2		8		
		3	9	8				
	6				5		1	4
		5	4	1			6	

126

							9	4
	4	1	2	9	5			7
					8	3		5
1	7	3	5			4		2
			3	7		9		
6	8			2		5		
	9	2		6		8		
		6		1				
		4						

127

1	5	4		2	7	6		
		2						
				8	6	1	4	
4	2	3						5
		6		5	9	2		7
3	7	9		1	5	8	2	
		8						9
				9				6

128

5	8					4	1	
		4		5				8
3		1				2		6
			5	7				
1	3				9		7	5
			3		8			
7	4					5	2	
		8		4				7
2		6				1		4

129

3						9	2	8
8		1	2			4		
			7			1	3	5
		2	4	5	9			
					7			
				3	1	2	9	
7	1	3					5	
4						3	6	
9	6	8						

130

4							5	9
6		1	5	3	2			
					8			
		5	6	9	1	4	3	
					3		2	
		9	4	2	5		8	
							7	
3		6	7	5	4	8	9	
8								

131

		9				8		
1		4		2		5		6
7	3		2	9		4	8	
	9			5			7	
8	6		4	1		9	5	
2			5			1		
5	7		9	6		3	2	

132

	5						1	
9		1				6		3
	4						2	
			2	5	6			
		2	4		7	8		
5			9	3	8			7
	8			2			5	
4	7	6				1	8	2
	3						7	

133

			4	5	6			
	7			2			5	
		4	6	9	5	1		
			8		7			
	9						3	
4	5	6	3		1	9	8	2
	2	9				7	1	
	1	8				3	6	

134

1			4	5	6			9
4		2				5		7
5		8				3		1
3		7				6		5
			6	4	1			
	1	4	5	6	9	2	3	
				8				
8				7				6

135

	4			6				
		5		1	4	3	2	
		1		2				
		2		3	5	4	8	9
		3						
		7	1	4	6	5		
8		9						
3		4	6	5	8	9	1	
5								

136

1				9	7	4	6	
	5		8					7
		6			1		9	
	4			5		8		
5			7		3			
	6			1		9		
		8			9		3	
	1		6					9
4				7	8	6	2	

137

1			8			4		2
	3			2			9	
		4			1			8
7			9			8		
8		9		7	4			6
6			5			2		
		1			7			5
	5			8			1	
4			1			9		7

138

7		2				5		6
	6			4			2	
4			6		1			9
		5		6		1		
	8						9	
		1	2		7	8		
3			9		6			5
	2			7			6	
1		6				4		8

139

6		3		1		7		
	5						4	
7			6	5	9			1
		7				1	8	
		8		7				6
		6				3	9	
8			5	4	2			3
	7						6	
2		9		3		8		

140

2				9		1		
	5		6				8	
1		9			8			6
6			9		4		1	
		8				7		
	9		7		3			5
5			8			6		7
	3				6		4	
9		4		7				8

141

	2		4		9		7	
	5			8			4	
6		4		7		9		8
	4						2	
5		7		1				
	6							7
1		5		9		6		2
	9			6			1	
	8		1		3		9	

142

9		8		2		1		3
	2						7	
4		7				2		9
	3			1				
1	9		4		8			2
				6			1	
2		1				8		7
	6						9	
3		9		7		6		5

143

7	5		1	9	8		2	3
		8		5		1		
	2						5	
1	3		8		7		4	9
2				6				1
5								6
6		9		7		2		5
	8			1			3	

144

1	6			3			2	
		9		4	8			3
	8					6		
				5				2
7	1		4	8	9			6
5		6		1			8	
	7							
	9	5	2			8	4	
4				9		7		

145

1			6	8	5		2	
	6			7			5	4
		8				6		
4			8		3			5
6				2			4	
	5	2				1		
9			7				8	
	8			4	9			2
2		3				7		

146

2				3	4	5	7	6
6	4						8	
7			8	9			3	
							2	8
	2		5	1	8			
	3							
				6	5	4		
		1				7	6	
5	6	2	7	4				

147

2				1				9
	4	6		7			5	8
3			6		9	2		
8		5				3		
	3						6	2
		1				8		
1			9		4	7		
	8	9					2	6
4				8				3

148

1		5				6		4
2			5	8	6			3
	6						5	
			7		1			
8		1		3		5		7
			2		8			
	1						6	
9			4	7	5			1
7		8				9		2

149

	1		2		4		5	6
		7		5				
4						2		3
	8		7		1		4	
	9						1	
	5		8		9		2	
5						1		9
		8		1			7	
3	4		5		7		6	

150

	1				8			5
2		4			5		1	
			1	2		6		3
		8			2			
6		5				1		9
			6			5	8	
3		7		5	1			
	4		9			3		1
9			8				2	

151

	1	2					6	
6			3			9		8
8			2			7	3	
	8	4	5		9			
				7				
			6		1	4	7	
	9	7			8			3
4		8			5			6
	2					8	5	

152

	7		3	1	2		4	
4		9				5		2
	8						6	
			8		3			
		8		2		4		
		7	5		4	2		
		3		4		1		
	6		7		1		2	
1		2		5		3		6

SUPER SUDOKU 500

중급 1

153

1								9
	8	4	5		9	2	3	
		5				6		
	1	2	4		7	9	6	
	6	7	9		1	5	2	
		8				1		
	5	9	6		4	8	7	
4								6

154

1				6				7
	4	5				2	6	
				7				
9								2
6		8	9		2	7		3
	2		8		1		9	
5			7	2	9			6
		6				4		
2	9			8			7	1

155

	3	9				1	6	
6		2				4		9
7	5						8	
			1	7	5		2	
		1	8		3	9		
		8				6		
			7	5	9			
	6	7		1		5	4	
	2			8			9	

156

		4	5					
	1		9		6			
3		6		1		9		
	8		3				9	
7		2		5		6		
6		9			7			
	2		6	7		4	8	
		7			8			6
		1	4	9		7	2	

157

7			1	9	2			6
	9	2	6		4	7	1	
				7				
	1		7		6		8	
4		5				6		1
	6		9		5		7	
				6				
	4		5		9		6	
1				8				2

158

	5						6	
1		6	2		8	4		5
8	4		1	5	6		7	3
		8				1		
			9		3			
7				2				
		2	7		5	3		
	1			6			4	
		7	3		9	6		

159

		2					1	
		4		7			8	6
5	3		1		6	2		
		3		4		8		1
	5						2	
	2	1				3		
		5	6		3		9	7
6	1			2		4		
	8	7				6		

160

8							1	
2					4		3	
7					3		6	4
5	1	4	8		2			
			4		1	8	5	
			6					
4			9	5	7	1		
3						5		
1	5	8				4	7	9

161

			3	4	7			
3						4	8	
4	5	2						
			8	5	4	1	6	
2								4
6	4	5						9
			1	3	6	9	2	
9								5
8	1	6	9					7

162

2	7					3	6	9
								2
6	3	4	9			1	8	7
			2					
			8		6	7	5	4
4	8	1	5					3
								6
				9	2	4	7	5
1	2							

163

	4	5	6	9	1	2	8	
	1						3	
	2	4				6	1	
	5	6	3	1	2	4	7	
	9						2	
	7			6			9	
	8		1	3	9		4	
			7		5			

164

1			2		6			3
	5			1			6	
8		7				2		9
4			8		9			7
	7						4	
9			3		4			8
		9				3		
	8			4			9	
6		2	7		8	4		1

165

1	2			9			6	8
			6		7			
4	5						9	2
		8		4		1		
	3		8		1		5	
		9		5		4		
9	7						4	6
			9		8			
6	8			1			3	5

166

2	8						1	5
	5	1		3		7	2	
	4						6	
								1
4		6		7		8		9
1			5		9			
	1						8	
	6	9		4		1	3	
7	3						9	2

167

		4	6			2	8	
	1			8	2			7
	5			3	9			6
		8	3			1	6	
	9	7						
4			2		8	9		
3			1	4			9	
	7	9		2			4	
					5	6		

168

8		1	2		3	5		
	5			4			3	
3				5				6
5			6					2
	7	4			5	8	6	
1				8				5
6				3				9
	1			9			2	
		5	1		6	3		

169

1	3	6				2	5	4
			3	1	5			
		8				9		
7	4		2		1		8	9
				9				
8	9		7		3		6	1
		7				5		
			4	8	7			
		9		3		8		

170

4	1			6			2	9
		6		9		7		
3	5						4	8
				5				
1	8						9	3
			9	1	8			
2	7						6	5
		3		7		8		
6	4			3			7	2

171

		4	6			5	7	3
		5				1		
		3				2		
2	6		8	4	1			7
3					2			1
1					3		2	8
		1				4		
		6				7		
9	7	2		1	5	8		

172

1	3	5					9	
						6		8
				9		7		3
	2		4			8		1
7		3		6		9		2
8		4			1		7	
2		6		4				
3		8		5				
	5					4	8	7

173

1	6							9
		5						8
		2	1			5	3	
9		4	5	6	1	7		
			7		8			
8		7	9	4	3	1		
		9	8			2	5	
		1						6
7	8							1

174

			6		1			
1	3			2			8	9
		4		5		7		
		3		4		8	9	
	4		7		9		6	
	9	6		8		5		
		1		7		3		
4	6			9			7	8
			1		2			

175

	3		4			2		1
1		2			5		4	
	4		1			3		5
2		3					7	
	5			4	6			
4		8	3			1		
	1	5					6	
				8			1	
9	7	6	5			4		

176

4				3				9
	6	5		2		1	8	
				1				
6	4		7		9		1	8
	7		6	8	2		4	
8	9						6	7
	5	4		6		3	9	
9				7				2

177

1			5	6	3			2
9	6		8	7	2		1	3
	9						2	
	3		9	8	6		7	
6	8						9	
	5						3	
	4		7	5	9		8	
8				3				6

178

	1		7				9	
	2			9			4	
4			1		8			7
	4			7			8	
	8				9		5	
1		6	4			9		2
	3			2	4		6	
	6			3			7	
		8	9	6	7			

179

	4	1		2		8	9	
	2						3	
5			1	4	8			7
2					9			4
	3			7			1	
8	1						6	9
3		9		5		2		6
	5						7	
		6		9		1		

180

	1		3	4	5		6	
4					9			5
	6			2			8	
		4	2			5		
6	7						2	9
		2				7		
	9			8	4		7	
7			6					8
	2		1	3	7		9	

181

2		6		3		1		9
	5		9	2	4		6	
		9				3		
	6			8			1	
8			7		6			3
				9				
		8		6		7		
	9		4		7		8	
7		5		1		9		6

182

4	6			2		1		9
		5		4			6	
	7		1		6			
1				6		8		5
			3	7				
6		4		5			2	
		1			4			
	8		7			4	9	
5				9		7		2

183

	1	3				4		
4			2			3		
7			1					9
	4	7			3	6		
				9			4	
	2	5		8			7	
6			3		1	2		
1			9					
	3	2					9	

184

					2	3		
	8		9				7	1
1		5		4				
5				7	9		8	
	9		5	6		2		7
		7		2				9
					7		6	
	6					9		
		9	1					4

185

		6	2		7	8		
	4			1			9	
	2		3		9		1	
		5				4		
4				5				8
		8				5		
	8		1		6		4	
	6						2	
		9	4		3	7		

186

9			1	2	4			7
		7				5		
	4			8			9	
		8				1		
7			6		8			3
		5		9		2		
	6						5	
1		9				3		8
			2	1	3			

187

4					2	6	8	7
			6					4
		5		4		1		
	7						4	
5			9	7				1
	3		1	6			2	
1						4		
	2				6			8
		9			7		5	

188

	8		7			5		
5		6		8	9		3	
	9		4		1		8	
						7		
			3	9	4			
		1						
	6		8		5		7	
	4		1	6		8		9
		3			2		1	

189

	8						3	
	7	6		9		1	2	
1			2		8			7
6			4		5			2
	4	1		2		8	9	
				6				
				4				
			3		6			
8		9				3		5

190

			2	4	8			
		3				4		
		4				1		
			9		2			
	6			1			5	
8		5		6		3		9
			7	8	5			
4			6		1			7
	1	7				8	6	

191

		3		9				
	4		6				1	
		1				9		2
	8		9		4		6	
4				7		5		9
	1		8		5		7	
		8				6		1
	6		3				9	
		7		6				

192

		1					5	
	2			1	5			7
6			4			3		
3			2		6		7	
	1			7			9	
		4			1	8		
8			1					4
	4			2			3	
		3			9	1		

193

				1				
2			3		5			6
	3			4			2	
4		8				1		5
	7						8	
		9		6		2		
1			2		3			4
	9		4	5	7		1	
		7				8		

194

		1	2		7	8		
				4				
8		2		9		6		3
	4						8	
	8			2			7	
7		9		5		4		6
5		8	4		6	2		1
	3			1			5	

195

4								6
7			1	4	8			9
		3				2		
6				7				5
		1	8		6	4		
2				9				3
		2				6		
1			9	5	7			8
3								7

196

	2							
1		8					4	
5			4	6		3		1
	4			3		1		2
				8	4			3
	7		9		1			
6			2			4		
	3	1					2	
				5	3	7		

197

1				3	6	9		
	4		2				8	
	6			7	1		2	
2						1		
		5						7
	1			2			9	
	2				7		4	
		9	5		8		1	
				9				5

198

	8						2	
3		9				4		7
	5		1		4		6	
		6				7		
	1		4		7		5	
	7		2		8		9	
		2		9		5		
		8				9		
			8	4	6			

199

		5	3				6	
	6			1		3		7
		4	7			8		2
							7	
1			2		3			6
	2							
6		7			8	1		
3		8		2			4	
	9				6	7		

200

	5						6	
4		3				2		5
			3		4			
	3	1				8	2	
8			6		3			9
				1				
		2				9		
	1		5	6	9		4	
		4	8		1	7		

201

	8		4	6				
2						4	9	
		3	8			6	2	
4		7	1					
5								6
					4	2		1
	2	5			1	7		
	7	1						9
				5	9		1	

202

5			1		8			6
		6		5		1		
	7		6		9		3	
		2				9		
3			2		4			7
		7				8		
	6		5		7		9	
		8		6		5		
			3		1			

203

7								4
		8	6		4	2		
	1			7			5	
		9	7		6	8		
	8	7	4		2	3	6	
2			5		1			8
	3	1				7	4	
				2				

204

		1	6	3				
	4				1			
5			7		2			
3		4				2	7	
1				6				9
	2	5				1		4
			5		7			6
			4				9	
8				1	6	5		

205

1	8						5	
4			8		5			2
		2		4		6		
			6		7			
7				8				6
		6	3		1	2		
	1			5			6	
		7	9		3	4		
9								7

206

	3		1		6		5	
5				9				3
		1		5		4		6
6								
	7		8		9		1	
1				2				
7		5				8		4
				1				2
	4		3		8		9	

207

								8
		5	4		2	1		
	2			1			5	
	1			7			3	
		4	9		8	6		
		7	6		1	4		
	7			6			4	
4								9
	3		7		5		8	

208

5				2				7
	4	6				3	8	
	7	8		4				
			3	8	6			
		1				9		
			1		5			
				3		6	4	
	8	2			9	1	7	
7				5				9

209

5	7				4	3		
		1		5			6	
			2					5
		7		2				4
	6		3		1		8	
2				8		7		
1					3			
	4			1		5		
		6	5				9	2

210

8							6	
		1				4		5
	5		6				9	
1	7		8	6				
		8				6		
		6			3		5	
		2		3	4		8	7
						1		
9	8	4	7			2		

211

1	5				7	8		
				2	4			1
	8	6						9
		7	1			3		
9					6	5		
8		5			9			
		4	3				6	2
			6			7	4	
3	6							

212

		1				3		
	4		1		2		9	
	6			5			2	
		5		2		1		
			3		1			
	1	7		9		2	6	
7			9		4			8
		8		1		7		
			6		7			

213

	9		8		5		7	
8								6
		1				2		
	1		4		8		3	
	2			9			5	
	6		1		2		4	
		2				4		
3				6				5
	4		5		1		9	

214

		1		5		7		
			1		2			
	6			3			5	
3		7				1		5
	5						2	
		2		9		4		
9			4		6			8
		4		2		6		
8	7						3	4

215

1				2				3
	2			3			9	
		5		8		4		
4			7		6			5
	6			4			8	
3			8		9			2
		6				8		
	1		4		5		7	
7								9

216

5			2			1		
	2			1			4	
		1			3			2
	1			4				7
6			1				5	9
	5			6				8
		3			4			1
	4			8			3	
1			5			2		

217

		1				5		
4			5		1			7
	2			4			8	
		5				8		
1			2		8			9
	8			5			6	
		7				2		
6			7		9			8
	9			8			4	

218

	7		1			9		
8	9		5		6		7	
			7		1			
1	5	6			3		9	
					8		4	
	3	5		6	7			
	4						6	
		9	2	3	4		8	

219

		1	4		8			
	2			5		6		
	9			3		7	8	
	4			7				8
	5			2				6
	1				3	9	5	
	6						7	
		7	6	8	2	1		
1								

220

		3	6	5		1		
	6				1			
		8	4	7				
7					8	6	5	
	1			9				3
					6	4	2	
		7	5	8				
	4				2		8	
		9	1	3				

221

	3			1			2	
	2		7		3		8	
	6			8			9	
		1				8		
6			4		8			7
		8				9		
	8			2			7	
7			5		1			8
		6		9		4		

222

1							4	5
		4	5		1	7		2
			2			9		
							5	8
4	8			5	7			6
	3				2			
			6	7				
	5	1		9		8	6	
		6					3	

223

	3		1					
	9		6	2	7	4	3	
7							8	
							5	
			2	6	8	1	4	
6			7					
1			9					
	5		4	7	1	9	6	3
	6							

224

	4						8	
9		6		5		2		3
	5		6		4		9	
			3	1	8			
				4				
	8						5	
4		1				7		2
5		2		6		4		8
	7						6	

225

6				2				8
4		1	5		8	9		3
				4				
	6						8	
8		9				4		6
	7			1			9	
			9		7			
9		7		8		5		4
	1						6	

226

1		2				4		9
	8		4		9		5	
				6				
			7		8			
8				4				5
	4		6		2		1	
				1				
	5		9		6		4	
6		9		2		1		7

227

			7		8			
			5		9			
		8		6		7		
4			1		5			8
	3						9	
9			6		7			1
		5		1		8		
1	4		8		3		7	2
			2		4			

228

6		2						3
	3						9	
		9		8		6		4
				5				
8			1		4		6	7
4				2				
		6		7	8	9		1
	4			9			3	
		1			5			6

229

		1			9			6
	8	6			7		9	
9							8	
	5				8			2
		3		7			4	
1			3			9		
	9			2				8
8			5				7	
		5		9				3

230

2					1			
4			3				2	6
	1				4		3	
3				2		5		
		5		1				4
9				3				8
		3				9		1
	9		6	7		8		
	7				3			

231

	1	2				7	6	
	4			9			8	
5								9
	6			2			9	
			9		6			
	8	9				4	7	
		5				8		
7				6				2
	9		7	1	2		5	

232

1			3		9			8
	5			2			1	
2								9
		1		9		8		
	8		2		3		9	
		2		6		7		
3								7
	9			5			6	
6			1		4			5

233

		6			3	5		9
	5			4			6	
1		7			6	3		
4				5				
	9		4		7		5	
				2				
7		9			1	8		
	8			6			9	
		1			4	6		

234

1					9			
5			4				6	7
	8				7		9	
2				9		4		
		3		8	5			1
9				6				5
		9				8		4
	1		8	3		6		
	2				6			

235

	4		2		6		9	
		6		3		8		
	2						3	
5	6		4		8		1	9
			9		3			
8				7				2
7								5
		9		4		7		
	5			6			4	

236

4	6		3		8		1	5
			6	5	4			
		2				4		
				8				
1	5			4			7	9
			7		1			
		8				5		
			4	6	5			
7	9						2	4

237

1	7		8				5	6
	2			1			7	
			4		6			
8		6				4		5
	4						9	
		3				8		
			5		7			
	5			6			4	
9	6				1		8	7

238

	2						7	
	4			6			8	
5			1	8	9			3
	5			7			4	
	3			5			9	
		1				7		
	6						1	
	8	7				6	5	
2			7		6			9

239

		2						3
		6		7	9		8	5
		1			8			
4	6		8			3		
2				5			9	6
1								
		3				4	1	2
		4		1	5			7
		9			6			

240

	2					3	6	
1		3		4	5	7		
			6					
6								1
	7			3		8	9	
					9			
7	1		8	9			2	3
2								8
3		4			1			9

241

			1	5		2		
	6	7				5		
1				8			7	
3								4
	1		5	6	4		9	
		9				6		
7	2			9				6
8								1
6				7	8			5

242

1								9
		5		4		6		
	2		3		6		5	
		1			5	7		
3	5						4	6
		6	7			2		
	1		8		3		9	
		8		9		3		
7								8

243

					1			5
1			4	6	2			9
3		2				4		6
2		6		1				3
	4			2		7	8	
				3				
		4	8		9	1		
		8				9		
		9				2		

244

	5			2			8	
	2			6			7	
		6	5		1	4		
2								9
	9	5					3	
1			8					6
		9	4		7	3		
	8			3			6	
	7			1			4	

245

	1			8			5	
	3			4			2	
		8	1		2	3		
4								7
	9		3		5		8	
1								3
		9	6		7	8		
	2						3	
	6		8	2			4	

246

1		3		6				5
					3		2	
	5	4		9				7
4					2			
		5				7		
2	7		1		6			9
7				2			8	
	9		4					
8				7		9		6

247

	6			9			1	
1			8		7			6
		4				8		
			6	1	8			9
							7	
6			5		4			8
		5		3		1		
2			9		1			7
	4			8			6	

248

	5			4			7	
4			6		2			5
		3				1		
2			4		1			6
	4						8	
3			8		7			9
		7				4		
1			9		8			7
	9			7			1	

249

		1	2		4	5		
	4			5			2	
		9				4		
	1		8		2			5
7				1				
	5		3		9			6
		2				9		
	6			8			7	
		4	7		5	6		

250

1		5		6		7		4
	2						5	
		3				6		
			3		6		8	
4				5				1
			2		1			3
5		9				8		
	4						9	
8		7		1		4		5

251

1			4		7	6		5
		3						
	4		5		6		8	
				8		1		
5			7		9			3
		7		5				
	7		1		8		2	
						7		
8		9	2		3			4

252

	2			1		4		6
	3						5	
6		5		4				3
			4		9			
4		6		7			8	
			1		5			
5				9		8		7
	4						1	
7		9		5			4	

253

4					2			6
	3			8			5	
		6				7		
1		7		5		4		3
			1		3			
9		3		2		1		8
		9				2		
	8			7			3	
7			3					9

254

2	3				4			
8	9			6	5	3		
			2				1	
			1					3
		4	3		6	9		
6					7			
	5				3			
		7	4	2			3	5
			9				4	7

255

	1	3						6
9				6			8	
7			8		1		9	
1		5		2		6		
	4						5	
				8	9			4
		8	3				6	
	6			7		3		
3	7				6			

256

				5	2			
2	6	9	4			7		
	1		9			2		
				9	3			1
7								8
4			1	8				
		2			1		3	
		4			5	6	9	2
			2	7				

257

1							2	
		7	2		4	1		
	2			3			9	
	1						7	
		8				6		
3			7		9			8
	9			5			6	
6		3				5		1
4			8		7			2

258

	1	2				4	5	
			6		7			
8								9
	5	8				2	9	
				4				
	3	6				1	7	
3				9				8
7			8		2			5
	8	9		7		3	1	

259

		1	6					
	3			2				
7		4	1		3		2	8
		6	8				3	7
1	2				5	8		
5	7			9			8	
6			4		1	3		2
					2	7		

260

	7						5	
4			7	2	9			8
		6				1		
	2						3	
			4		6			
	8		3	1	2		7	
		8				4		
9				5				3
	5	7	9		8	6	2	

261

	6		7		5		1	
2		9		8		7		5
	8						4	
8								2
			3	2	8			
		7				9		
5			4		6			1
1				3				6
	7	8				3	9	

262

	7		6		8	9		
		1		4				
	4		5			7	6	
8					4			6
4				5				8
1			8					9
	1	4			6		5	
				1		2		
		5	9		7		4	

263

8	1			4			7	3
2			8		9			4
				1				
	3						5	
5		9		2		4		1
	7						9	
				9				
3			4		1			2
1	5			7			3	9

264

3	9			4			7	6
			9		3			
	2			6			1	
6		2				5		7
	1			5			2	
			4		8			
		6		1		4		
2			5		7			9
	5			3			8	

265

	1		8	4	5		3	
4		8				5		2
	9			2			7	
			4	7	6			
				5				
	4	6				1	9	
	2	5				4	6	
				3				
1			7		4			3

266

2							3	8
			2	4			1	5
		3			6			
	2		7		4	9		
		5		1		2		
		9	3		8		4	
			5			1		
1	3			6	2			
6	5							2

267

		5	1		4	6		
	6		9		8		7	
8		6		4		1		5
	1			5			6	
9		3		1		4		7
	9		6		1		8	
		1	7		3	2		

268

9				1				8
		6	7		2	3		
	1						4	
	7			2			1	
4			1		5			9
	3			6			8	
	2			9			7	
		1	4		6	8		
7				3				4

269

1								5
	2		6		5		4	
3		4				1		6
	9		1		4		5	
				6				
	1		7		8		2	
		9				4		
	3		8		7		6	
4		5				7		8

270

1						2		7
			1	2	5			
8			7		3			5
	2						6	
		3	6		8	1		
	8			4			5	
		8	9		4	6		
4	1					5	9	
			2	7	1			8

271

		2	1				3	
	1			7		4		2
	8			4		7		9
		5	3				7	
				2				
	2				1	8		
2		7		6			8	
3		6		1			4	
	9				7	6		

272

4		2				7		
	1		2			5		
6				9		2	8	4
	8		5		4			
		3				8		
			7		9		2	
3	7	6		2				5
		9			5		6	
		4				1		

273

	5	2		8		7	3	
1								2
			7		2			
		5				4		
	2		5		4		6	
		1		6		8		
5			9		3			6
	7			4			1	
		4	8		1	9		

274

					9			
	9			8		4	6	
		3	4			1	2	
		1			5			7
	2			6			1	
7			1		3	9		
	1	5			4	8		
	7	4		5			9	
9			8					

275

8								4
		6	5		4	3		
	9						6	
		9		6		4		
		7				5		
	2		7		5		1	
2			4		1			6
	8	3				1	4	2
			2	9	3			

276

			4	5		3	7	
	5				9		1	2
					2			4
1						4	6	
8				6				9
	4	3						8
9			1					
4	7		8				5	
	3	6		4	7			

277

9			3	5				
					9		1	
		4	8		2			
1		2	6			4	3	
4								5
	6	9			4	8		2
			2		1	6		
	5		7					
8				9	6			3

278

	4				5	6	3	
1		3		7		4		5
	8			1				2
					4		1	
	1		7			9		
9		2		6				
2				8			5	
	5		3			1		6
		6					7	

279

		8		3				
	5		9		7			2
2						8		
4		7		1		9		
	9				4			8
	6		5		2			1
		2		6			1	
3	4	6		5	8	7		
			7					

280

								4
	7	4	8	9	6			2
8			1			6		
		2		6				9
7			2			3		5
	1		3		7			8
		9		4			7	
1						5		
	8		7		1			

281

		7					1	5
1			6			4		
	5			4	8			3
		5		1	9		4	
			5			7		
	9	1		7		8		
	4	2			5			
9						5		
			2		4	9	6	

282

2					4		3	
6	7					2		
1		8			5			6
			9		3	6	2	
				4				
	8	1	5		2			
8			7			4		2
		3					6	1
	2		1					9

283

		1	3		2	7		
	8			1			6	
		4	8	7			5	
				4	3	6		
		7	5	6				
	5				9	4	1	
	6				7			2
		2	6	8		5	3	

284

							5	
9	4				5	3		6
1	6				4	7		
6							3	
	2	7		8		4	9	
	9							2
		9	3				4	5
5		2	1				8	9
	1							

285

1		4	5	6		7	2	
5			9				8	3
3		5	4	8		1	7	
8			1				3	2
4		6	2	7		3	5	
			3				9	7

286

		1				8		
7			5		1			3
	2			6			4	
		6				5		
		2	9		6	7		
	9		4	2			6	
5			6	4				1
4		9			7		8	
	6					4		

287

5					6			8
	3			5			4	
1			4			9		
2		5			8			3
	6			4			5	
3		1				4		
4			3			5		
	1			7			9	
6		2			9			4

288

1			6	2	5			9
	5						8	
		6				4		
4			2		8			5
9				6				3
5			3		7			4
		4				9		
	3						2	
8			9	7	2			6

289

7	6			1			9	
9			6		8			2
				9				
	1			5			8	
			8		6	4		9
	3			2			6	
				8				
6			4		9			1
1	7			6			3	

290

1				2				3
	3		6		8		1	
		6				9		
	5					3	2	
4			5		3			8
	7	8		1			5	
		3				6		
	2		9		7		3	
6				5				4

291

6	2			1			3	9
		5		9		1		
	3						6	
	4			2			5	
	7		1		3		4	
	1			5			9	
		2				4		
7			8		1			6
	9			3			1	

292

	6				4	2		
2		1		5	9		7	
		3		6				5
	9				7			6
		2					4	
	1				6			3
		6		8				2
1		8		7			6	
	4				1	5		

293

1				2	9			7
2	5			6			8	1
			1		7			
		5			1	6		
	9			4			7	
		8	7			5		
			6		3			
	6			9			1	
5	8						9	6

294

1			3	8	4			9
	3						8	
		5	6		7	1		
		6		7		2		
9			8		6			4
	7						5	
2			7		9			5
	6						3	
		1		4		9		

295

		1	2		9	8		
	4			7			9	
	2			4			3	
	3			9			4	
1			5		7			2
2				6				9
			9		5			
	8	9				1	5	
7				1				6

296

1		2				6		4
				1				
	8	3		5		7	9	
	4	1				5	3	
				6				
2			7		3			8
6				7				9
	1			8				
	9	4	5		1	8		

297

7		2						5
		4		7	5		2	8
		3			8			
5							1	
4				8		7	5	6
6								
		1					4	3
8		6		5	7			1
		5			1			7

298

	1						9	
		6		7	5	2		
	5		6				7	
2				3				8
	7	8		9		3	6	
6	9		2	1			5	7
4								9
7				6	8			1

299

8	1						2	
	3		5	9	1		7	
5								6
			7		8			
9	8						6	4
			3		9			
7				5				3
	9		4		6		1	2
	2			7			9	

300

4		3			1	7		9
				9				
	2	8		4		5	1	
	3	6				2	8	
				7				
1			8		4			6
6				5				7
	5			3				
	1	7				4	9	

301

		4			2	6		
	5			4			9	
1					5	4		
	6			7			8	
	1		8		4		5	
		5		9				
7			4		9	3		
	9			8			7	
		6	1		7	8		

302

				1			2	
	8					7		
4		1		5		6		9
	7						4	
8				2				6
9		4	3		6	8		5
				4				
		6	1		3	4	9	
1				6				7

303

	1		4		5		2	
3				2				4
	6			8			7	
		7				6		
6	8			4			5	9
		9				2		
	7			1			8	
5								6
	2		6	5	9		1	

304

1			3	6	5			4
			2		1			
		2				5		
2	1						7	8
3								6
9	6			5			4	3
		4				6		
			9		6			
6			7	8	4			5

305

1		5		4		6		3
		6	5		7	4		
		4	6		5	1		7
7								9
3		8	7		9	5		
		9	8		4	7		
4		7				8		6

306

1				2		4	8	9
		4	1				7	
		6				1		
			5		6			
8	6			1			4	5
			7		2			
		8				7		
	7					3		
9	1	5		7	8			4

307

		4		1				2
	6			3			8	
2		5				7		9
				7				
4	5		8		2		1	3
			4	9				
1		6				4		5
	8			2			9	
9				5		3		

308

				7	8			
		2	1			5		
	3		5			9		7
2				6	5			3
3						7		4
1			9	4				6
4		9			1		2	
		6			7	3		
			4	9				

309

		9						
	6		5		2	9		
	7				4	1	8	
		2	1			4		8
	4			8			5	
1		3			5	6		
	5		9				3	
		1			7		2	
6				5		8		

310

						5	4	
	1	2			8			7
7			1			9	8	
9				3				8
3			6		1		2	
	4	1				6		
						8		
	7		3	5			9	
4		5			6	7		

SUPER SUDOKU 500

중급 2

311

		8	7	5		6		
9				1	8	7		
7								
						5	4	
	2	7			1	3	9	
	3	4	2					
								3
		2	3	8				1
		5		6	2	9		8

312

				8				
			5		3			
8		4				7		6
	2						1	
1			9		6			7
	3			7			2	
9		3				2		4
			8		5			
		7		9		8		

313

1			6					8
	2		3				1	
		6		4				9
	6						5	
5								1
	4			1			7	
6				2		5		
	3				5		4	
			1		4			7

314

2	3						5	
				2				9
		9	7		4	1		
	4						3	
9			4	8	2			6
	8			7			2	
		5				4		
			2		8			
			1		9			

315

7			1	4	5			
		5				4		
	1						6	
4			8		1			3
6								2
		2	4		9	1		
	9						2	
		6		3		8		
			7		8			

316

	2					3		
4		5		8				
	9		2		1			
6						7		
			3	5	4			
		1						4
			7		6		4	
7	3			2		8		9
		6					1	

317

	5	6				1	2	
2			3	6	8			7
6								3
	3		2		5		9	
		8				4		
			9		4			
				8				
8	4			7			6	9

318

				4				
			9		3			
	4			2			1	
6		3				5		8
	1			9			4	
			6	5	2			
	2			1			9	
1		9				7		3
	5						8	

319

	1			4			8	
4			2		8			9
		6				1		
			5		3			
6				7				5
	5	2		6		8	9	
	8	1				4	5	
				2				
9	7			3			2	8

320

1	2				5			3
		6					4	
			7			9		
7				8		4		
				7	3			9
9			5		6			7
			1			5		
		3					7	
8	1							6

321

						1	9	
	2		3		9			6
		5		8				
	5				7	4	6	
		1		5				3
			4				1	
				4		6		
5			6				8	
	3	2						4

322

		2			3			
	4							5
7				8			2	
	2		8		7	4		
		1	5			7		3
					9		1	
				4		2		
5			6				8	
	3	6						4

323

		5	3				8	
	4			1	8			5
7					4		3	
6					3			
	5	9				7	4	
			2					1
			6					9
			7	8			6	
					2	8		

324

4								
8	9						2	3
			9	1			5	4
			1	2				
7	8						4	5
				7	8			
	7	8		3	4			
	6	2					1	
							6	

325

			2			1		
		7		1		5		
	1			8			6	
5					4			2
3				6				9
6		4						5
	9		4				7	
		2		3		4		
		3			9			

326

	1	2				6	7	
7								9
4				5				1
	8			9			6	
		7		3		4		
			1		4			
2	5						8	3
				6				
			5	8	1			

327

		1				3		
			6	5	3			
9		4				6		5
	5			4			8	
	7						9	
	2			1			6	
2		8				4		6
			9		5			
		5	4		2	9		

328

8		4	5					
	3			4				
6				8				
4			2					
	2	9				1	6	
					8			5
	1			7				9
7				5			2	
	5				6	4		3

329

	9	8	2		4			5
3				9				
2			6					
		9						7
5	4						1	
6						3		2
					1			4
				3				8
9			8		7	2	5	

330

	1		6				4	
		3						8
2			3			7		
8				2				1
	4		1		5		9	
				3				4
1					4	5		
		6						9
	9			8			7	

331

2			1					9
	5			6			4	
6					9			
		1	4	9	3	8		
							6	
		3	7			5		
					2			
	3	5		1			7	
4			6					8

332

	4		5		3			2
1		2		9				
			6			8		
7		6						4
	5			6			2	
4						1		7
		8			7			
				5				
9			8		6		7	

333

	2		3		9		8	
5								
	9	1	4			2	3	
7				5				1
		4		9				7
8							1	6
		3	2		1	7		
9				3				

334

		3		6		4		
	2		3			8	9	5
		4			5		7	
5	1		7					
				8				
		2			9		5	6
		1				7		
	6						4	
				4		5		

335

6						1	7	
	4				7			3
		7		3				
					5			2
	9	1				6	3	
4			3					
				2	4	9		
5			1				6	
	6	8						4

336

1						3	4	
	7				8			5
		9		7				
					3			
	2	8				6		
3			9			8		2
2				9	7			
	5						9	8
		6			5		3	

337

9	7				1			
4			6			7		
		2					3	
1					9		4	
	4			7			1	
	3		8					2
	6					5		
		5			7			
			5			6	8	9

338

3	4	2	1				6	
				4				5
			7					
		9			7	8	1	
	2							3
		7	3	6			4	
						7		
1					9			
	8					3	2	6

339

		5		1		7		
	9						6	
2			8		6			9
		9				1		
3				6				5
		7				3		
5			9		2			8
	2						5	
		1		5		6		

340

4				6				7
		6			9			
	7		5		4			
2				7			5	
		9	1			8	7	
	4						9	
		3						
			6	1			8	9
1				3		4		

341

			9		2			4
9				7				
6		4				7		
		6		9		8		
			5		1			
8	2						9	3
		5				1		
3								6
	4	7				9	8	

342

7	1	5				3	8	
			4		7			
	3						2	
6			8		9			3
	2						4	
		7				6		
			7		2			
2				5				8
	9	4				2	7	

343

			1				6	
6				9		2		
1					7			4
	2						5	
		3	7	5		6		
		1					9	
	5			1	9			8
2			3			4		
		8			4		7	

344

		3						6
	1	2					5	
6	8			7	9	1		
			8		5			
		1				3		
			2		7			
		4	5	9			8	3
	5					7	9	
9						4		

345

			7			2		
		2						
	3			2		9	1	
4			1		8			6
5		7				4		8
9			3		4			5
	7	4		6			8	
						3		
		8			5			

346

	9							
6		3					5	
4	8		1			9		2
			6		3			
		4		7				9
2	1		8		5			
		2				6		1
	6		3				9	
		7		6				

347

	1	7				6	8	
9			4		3			5
		2			6			
	5					7		
	7			1			5	
		3					6	
			8			4		
2			9		4			8
	6	8				1	2	

348

1	9				6		2	
8			5			1		6
		6		7			8	
			2					
	4				8			
6		5		9		4		
	7				9			
			6					8
		2	7	8			1	

349

1						6		
	5				9		4	
		6		1				2
	4				7		9	
8		2				5		7
	7		5				8	
4		5				7		
	6		8				2	
		9						3

350

		1	2			7		
	2			5				
8				6				2
4			6					
	5	9				4	3	
					3			8
2		6		1				4
				4			2	
9		7			6	5		

351

7	3				1	2		
		5		9			6	
			8					7
		8						1
	5			4	9		8	
1						7		
	6		4		5			
		1		6		8		
			7				4	9

352

	9			7			8	
8			5		6			9
		5				6		
	5			4			6	
4				2				1
			7		8			
		7				8		
	6			3			9	
1			4		2			5

353

		8		2		5		
	6		4		1		2	
1								6
	3				8		9	
4								5
	1		6				4	
3								8
	5			6			3	
		7	1		9	6		

354

8								7
	6			5			4	
			3		6			
		1				7		
4	8	7				6	5	2
		9				1		
			7	6	9			
	5			3			8	
1				4				6

355

								9
		3	8		1	2		
	2			5			1	
	3			1			6	
		7	9		3	5		
	5			4			3	
	1			2			7	
		8	4		7	6		
3								

356

			6	8			7	9
		5						
		3				6		
	6				9	4		1
5				3				8
3		7	8				6	
		1				8		
				2		5		
4	7			6	1			

357

2	6						5	1
4			6		8			
			3		1			
	5	2				7	9	
			7					
	4	3				6	8	
			4		6			
			1		2			3
9							6	

358

1								5
	2		5		3		7	
		5		2		4		
	1						6	
2		9		3		1		
	4						3	
		8		6		9		
	7		4		8		5	
6								3

359

			2	5		9	6	
		4	3			2		
	1	5						
							7	9
1	5		7		4			3
	3			9				
		8						
	6				9		8	5
				7	8		9	

360

9	2							
7	5				2	3	1	
				1				2
	9	8						1
1			6				5	
		6				7		
	8							
			7	8		2		9
	1		2	6				8

361

1					9			
	5	6					7	8
			3			9		
				2				
7	8		1				4	9
		5			4			1
				4		7		
2				8			6	
4	7		6			8		

362

	7						2	
	8		1	3	9		7	
1								9
			4		5			
4	9						5	6
			7		6			
2								3
	3		5	8	4		1	
	5						8	

363

1			2		3			5
	3			4			7	
7								6
		8				9		
	9			8			4	
		4				3		
9			4					3
	6			1			8	
5			3		6			4

364

		5				7		
	8						9	
	1			8			4	
	3			9			5	
1			5		2			3
2				6				1
					4			
4	2					1	8	7
3				1				5

365

5		1		9				2
							3	
3		6		8		7		
	9						2	
7	4			6			1	5
			7			8		
4		9				2		
				5			8	
1		8						9

366

1				3				2
	6						4	
		5	7			3		
2				7				3
	5	7		1		4	6	
				4				
3					9			7
	8	9				1	2	
				6				4

367

	1		3		4		2	
4								6
		3		2		4		
	6	2				5		
7				5				8
		8				9		1
		7		4		8		
1								7
	8		1		9			

368

	7	6				3	5	
4				5				6
				3				
		2					8	
8			6		7			9
	5			4		7		
		8	1					
9				7				1
	1	7				8	2	

369

2	6		5				3	4
5			1	4	6			2
					3			
							8	
4		5		8		7		1
	9							
1			4		5			8
3	8						7	9

370

	1		4				2	
4				5				3
7				3				1
1		5						2
2		4		7		8		
	6			8			1	
	9			1	7		3	
8			2					7

371

1								6
			2		1			
	4	5				8	7	
7			1		6			
		4				7		
			4		7			9
	1	7		2			9	
			8		9	5		
8				7				2

372

1					7			8
	3			5			1	
8		6			1	9		
			2		8			
	5			3			8	
			5		6			
4		2				5		
	1			9			2	
9			6					3

373

				2			7	
	5	9			6			8
6						4		
	1				2			3
		8		6		1		
			1				2	
1	4		2			8		
		7			9			2
	8			3			4	

374

				1			2	
	6	4			5			3
2			4			9		
	3				9			8
		5		7		4		
	2		8				1	
6			9			8		
		8			7			
	1			4			3	

375

		5	2		7	8		
	6			1			9	
4								7
3								1
1		8		9			4	5
7								9
	1		7					3
		9					5	
			5	6		9		

376

1			4		5		3	8
3								9
		9	8					
5				3		8		
	8			2			6	
				1				5
		2			1	6		
7								4
4			9		7			1

377

1						2		9
	6				7		5	
2		9			4			
			8		3			
	3			2		6		5
8								
		3	9		6	1		
6				8				7
			5		2		4	

378

1			2		8		6	
	5			6			3	
4		6				5	2	
			4		3			
	7						1	
9			1		7			
	8					9		2
	6			3			7	
	1							6

379

		4						5
6	5			4		3	2	
		3						6
			4		8			
4	7							8
			9		1			
		7			5			4
1	8			2		7	9	
		9						1

380

	1			8			7	
3						2		4
	8		4		5			
4				7				
			8		9			
	3			1			2	
	2		7		8			
5		6				7		8
	9			5			6	

381

	2					3		
	4			5				
3			1		4	5		
6				4				8
	5		7		9		6	
4				6				7
		4	8		7			
	7			9				
	8						9	5

382

1				5				6
	3						4	
			2	4	6	5		
	8						9	
	7	6		9		1		
	2						6	
			4	8	9	7		
	1						3	
8				1				9

383

				7		1		
2							3	8
		5	3	2				
	1				6		5	2
		4				3		
6	5		1				9	
				6	2	5		
1	8		5					4
		9						

384

						5		
		1	6		2		4	
	7		4			6		
	8			1				5
	5		2		6		7	
3				9			6	
		2			7		3	
	3		5			4		
		6						2

385

		9	5			6		
	8			7				2
7			2					
	2	4			6	3	1	
				9				8
			7			5	9	
		7			5			
1			9	2			6	
	3						5	

386

		9	4			6	3	
	8			7				2
7			9					
		6			7	5		
		7		1		3		
	3		2		5		9	
1						4		
2							7	
	9	4					5	

387

		7	9			2		
	3			4	5		9	
	6		8			7	3	
		1			3			2
			2	7			6	
	4	9				5		
4					2			
				5				
1	9		6					

388

1				3	5			
			9			3	4	
				4				5
	1	3			4			8
2			3			5		
	6			8			7	
7					9		5	
	4	9				6		
			5	1				

389

							1	5
			1				8	
		3	7		9			
3	8		9		6	7		
	2				4		3	
		7	8				6	2
			4		7	5		
	9				3			
7		1						

390

							8	7
		1	6					9
	8			3				
	9		8					
		3		7		6	4	
					6			5
	6			1				2
7		9		6				1
	5				2	4	3	

391

	3			1				
8		6			4	2		
	5						6	1
			5	9	2			
		9				7		
	6					8	1	
	8			4				5
		4		3	6			7
			9				4	

392

		2	4			1	6	3
	7			6			2	
	9			1		7	8	
	6		5					
	8			9			1	
	1			7			3	8
	3	5	6			4	7	

393

		8	5	1	6	4		
	6	1			2		7	
1								9
2		3				5		4
8				3	5			2
	7						1	
		9	4	6	8	2		

394

				9				
		2			1	8		
	3		4		7		5	
3			8		5			1
4		7				5		3
	1						7	
	5						9	
		8	6	3	9	7		
				1				

395

		6				1		
	5		1		3		4	
1			9		2			7
	2						5	
				9				
	1	7				4	3	
6			7		9			2
	3		6		4		9	
		8				6		

396

		3	4		8	5		
	7			5			4	
	6						3	
6		4				3		9
			3		1			
		2		6		1		
	9						6	
	3			9			1	
		1	2		6	7		

397

		9	5			1	7	
	2				8			6
		6	1					9
				4			1	5
			8		5			
4	6							
9					6	3		
2			4				5	
	8	7			2	4		

398

	4			8				
		6	7			5	1	
	8				5			4
	2				9		8	
1		5				9		7
	7		1				2	
2			6					
	9	4			8	6		
				1			9	

399

7				5	6		4	
		4						9
	1			8		6		
	2		7				1	
			5	1	3			
	7				9		6	
		6		9			5	
3						1		
	9		6	2				8

400

		1			7			2
	2			5			1	
4			1			3		
		6			2			3
	1			8			5	
		5			4			6
	3			9			2	
		4			1			5
1			2			6		

401

	3		8		1		2	
7				5				1
	7	8				5	4	
1		5				9		7
2	6						1	8
			7	2	8			
		6				7		
			9	6	5			

402

			1		6			
		9		5		4		
		6				2		
			4	7	2			
	6			1			5	
1		7				3		9
	7		6		8		9	
4		1				6		8
	8						7	

403

1	2						7	3
		3					4	
			5			9		
		1		4		7		
		2		7	1		3	
			9		6		8	
4	3		1			2		
		8					5	
9	5							8

404

		1		3		5		
	9		1		4		6	
	3						9	
		4		8		6		
	1						2	
	6		2		3		5	
	4			2			3	
		6				7		
5			3		6			4

405

		1		5		9		
			3		8			
	8			4			5	
1		5				8		9
			1	2	9			
7		2		8		4		3
	4			9			6	
			5		3			
		7				5		

406

1			2				3	
	5			6	7	8		
	8	3						
5			9		6			
				4				1
6			7		1		2	
	7						4	
	9			8			6	
8			6		2			5

407

				6				9
	1		2		5	8		
			9				7	
	5	8		9	4		3	
1			8				5	
	3		6			9		1
	6				8			
		4	5	7				
7					9			2

408

3				1				5
			5		2			
			3		4			
		1		2		3		
		5		4		7		
	8		7		6		9	
2			4		7			3
	7	4				2	6	8
				9				

409

				6				
	2	5			8		3	
1			4		7		2	
		3		5			4	
	4		3			8		
	5			9	4			
		6						4
7			2	8			1	
	9					7		

410

				7				
			8		4	3		
		6			2		9	
	5			8		7		4
4		2		6		9		1
1		9					8	
	2			9		6		
		7	4		1			
	1			3				

411

		8						
	1		8			5	6	
	4		6			9		8
		1		8			5	4
					5			
9	8			2		7		
7		9		5		8		
	3	2			4			
						6		3

412

3			4			7		
	8			5			4	
		1			3			9
5			1			3		
	6			9			5	
7			2			4		
		2			4			8
	4			2			3	
1			7			5		

413

3	7						1	
4					1		5	
6					8		7	3
			1		4			
			7		2	8		
	5		9					
	3		4	1				
	8							7
	2	6				4	9	1

414

5						9	2	
	2		1	5		8		
			6				4	3
			4					9
	6			3			5	
4					6			
6	5				8			
		1		4	7		3	
	3	9						4

415

	5			2			8	
1		2	3		6	5		7
7								6
	8		4		5		1	
		6		9		4		
3		7	8		9	6		5
	9			4			7	

416

2		4		8		9		7
	1		4		3		5	
6								8
	5			4			3	
7			5		6			4
	6			7			8	
1								3
	8						6	
		2				5		

417

		4	6			1	5	
	6			7	2			4
	3							2
		6					8	
	8			5		3		
1						7		
2			1	3			6	
	9	5		6			3	
					4	9		

418

2							7	6
5		3	1					
		1		6	9	2		
		5						
7		6		2		4		8
						3		
		7	2	3		9		
					4	5		1
4	8							2

419

	4				5			9
	8			6			3	1
			4		2			
		3				7		6
	5						9	
4		8	9			1		
			1		4			
2	7		3	5			4	
			2				1	

420

		5		6		9		7
	3		4		5		1	
9								5
		4		7		3		
2								6
	8		9		2		6	
4			3					8
	1			8	6		7	

421

		5	3		7	1		
	1			8			6	
4								9
1								5
	8	7	1	9			2	
5								3
6								8
	5			4			9	
		1	9		6	3		

422

1			6		2			7
				9				
3		8				9		4
4		7				5		9
				8				
2		1				4		8
6		4				7		5
				5				
9			1		3			6

423

	9	4				7	1	
5				2				3
		2	4		3	9		
		1				2		
	7			5			6	
		3				8		
		9	5		1	6		
7				6				1
	8						9	

424

		6					5	
4			5	2		3		
7					4		8	
	9		4				2	
	7			5	6			
		8					6	3
				1				
1	8			7			4	2
		7			9	5		

425

	4			5			7	
7			1	4	6			9
		1				4		
				2				
4	5	7		3			6	
9				1				
		5				9		
1			4	7	3			5
	2						8	

426

1		8		7				2
							5	
5		6		3		1		
	9		3				7	
8	4						1	3
			1			2		
3		7		5		6		
				1			8	
6		4						9

427

				5				
	2	4				5	6	
1				2				8
					8			
8				1				9
9		7			5	8		4
	3			8			4	
		6	7			3	8	
7				9				2

428

1				2			4	
		6			5			1
8	4			1		9		
								2
5			2	7				6
3		1					9	
	8							
	6	2		8		4	1	
7				9		3		

429

2				9				1
	6	9				4	5	
4			7	8	6			2
		8		4		3		
3		4		6		2		5
	5		8		7			
		7		5		1		
8	3						7	9
		6	1	7		8	2	

430

		3		2				1
	2				6		5	
1							3	
	8				7			5
		9		6			4	
2			1			7		
	6			9				4
9			5				6	
		8		4				7

431

2			9					8
	4				7		9	
		3		5		7		
		5				8		9
4			1	3	6			
		6				4		
1					8			4
			3					
8		7		4		1		2

432

	2	3		1		8	9	
	1			9			6	
5								7
	8		6		2		7	
			4		9			
	4	6				9	2	
		1				7		
6				2				4
	7						8	

433

1					4			
	6	4		5			8	7
			6			4		
				4				
5	7		9				6	4
		8			3			9
				9		2		
2		5					3	
	8		7		6	9		

434

	2	5				3	4	
1			6	8				9
					4			
	3		2				9	
	4			1	9			
		8					2	1
				7			3	
8	5			4			1	6
9			8		5			

435

1			6	3				2
	3			1		6	5	
								4
	8			4		3		
	5	9			8		6	7
					7			
7	9						4	1
	6			8	9			3
				7				

436

3	4			5			1	7
		7		2				
	6						9	
	2			8				4
1		6			9		7	
	5		6					8
4				6				5
	1	8		7		2	4	

437

	2			1			7	
	3		4	6	2		1	
6								8
		8				7		
4	1			5			8	9
5								7
	4		3	9	5		6	
	8			4			3	

438

	1			5				8
5	6			8		7	9	
					9			
	3	4	5					
7				3			2	6
9					2		7	
	7						6	
	2		3				8	
		3		6		4		

439

	1		9		5		8	
4		5		3		2		6
1		2		6		4		9
6			2		4			1
	9						7	
7								8
				5				
9		3				1		7

440

1				2				8
	4			1			5	
			9		8			
		5				4		
4	7		5		9		8	6
		2				7		
			7		3			
	3			8			4	
8				6		5		9

441

	3						7	
2					9			6
	5			2			4	
		4	6		7	8		
	1			4			9	
		8	9		1	2		
	9			6			1	
4								7
	6				5		8	

442

	1						3	
			3		2	4		
6		5						2
			1	9	5			7
	9						4	
1			2	4	6	5		
9		2						3
			9		4	7		
	5						8	

443

		5				4		
	4			2			7	
1			3		7			9
		8				9		
5	6			8			1	2
		3				7		
7			1		5			4
	8			9			5	
		4				1		

444

		1		2		4		
	4						7	
2			8					5
3		2		1		6		9
7		4		6		8		1
6					7			8
	5		2				1	
		9		8		5		

445

		6		2				5
	5		4					2
		3					1	
1			7			6		
		4		8		7		
		7			9			4
	9					8		6
	2				5		3	
		1	6	7		5		

446

		9	7			2		
	3			1	5		9	
	8						3	
		2		9			7	
		4			7	8		
	6					1	5	
	7				8			6
	9		2	6		7	1	
		6						

447

	8					3		
		6			8		2	
	4		2					7
1				2	5			9
6						5		1
5			1	3				2
7							4	
	2		9		7	1		
		5		8				

448

	4		1			2		
3			6			5	1	
	5		2			7		
		8					9	
2			9		8			4
	3					1		
		4			6		3	
		3			4	8		5
		2			9			

SUPER SUDOKU 500

중급 3

449

		1	8				9	
	5				7			4
2				5		3		6
			2					7
		8				6		
3					9			
4								8
1			6				2	
	7				1	9		

450

				1				
		6				7		
	5			8			6	
	8						3	
		1	9		6	5		
	6			7			1	
9								2
			1		5			
	4	8		3		6	7	

451

			2	4	3			
		1				9		
	8						6	
		5	8		1	4		
				2				
		2	6		9	3		
	7						8	
		4		1		5		
5			7		4			

452

		1	2			3		
				9		1		
6					7			9
	5						4	
		3				6		
1		9						7
	8			4	5			
2			3			4		
		6			8		9	

453

1								6
		7		9		5		
	4		3		5		8	
8								9
		1	2		4	7		
2								3
	2		4		1		5	
		8		7		9		

454

4						1		3
	2				6			9
		5		8				
	6				7			
8		3				4		7
			6				9	
				2		3		
9			7				1	
1		8						6

455

1								6
	5		2		3			
		4		1		9		
	7						6	
3								5
	6	5				8	2	1
			1		8			
	1		7		2		4	
2			5	4	6			8

456

	2		4		9		7	
6				7		4		5
				2				1
4					8		6	
	5		2			7		
1		8		9		5		
3				8				
	9		3					
		1			7		8	

457

	5			9				
8					4		6	
		3						9
	4		1			3		
9		8			6			
	7						1	
				8				2
5			6		3	9		
	6			4			7	

458

		5		9		8		
	8		1		4		5	
1				5				6
		7				4		
	1		2		6		9	
4				8				1
		2				3		
	6		3		5		4	
9				6				2

459

		8			7			3
			6	2			4	
			8	1		2		
		9			4		1	
	1			5		4	6	
	2						5	
		5				9		
			7		8			
1	8			9				

460

1	5							
		6					2	
3	9	4	1					
		1			8			
		5		4	6	8	7	
		9			7			2
		8			9			6
					1			8
6	2							3

461

	1						5	
6		4				8		2
7				2				3
					3			
	7		5		6		9	
			9					
3				7				6
2		6				5		8
	9						4	

462

3								8
			8	1	4	7		
4						5		
		2				1		6
	4		9	7	1	8		
			5					7
			6					
	1		3	9	7	6		
2								5

463

								9
		8	7			1	6	
	6			2				
	4	3	9	8				
	1			5				
					3	5		
				3			7	
	2			1	9	6	8	
9				4			1	

464

					5			9
6				1			3	
	3		4			2		
		3				1		8
1			6				9	
	7				3			
		7		5		8		6
	2			6			7	
	8		2			3		

465

9	3	8			5	2		
2				8			3	
			3					5
		2						6
7	5			9			4	
		1						3
			7					2
8				4			9	
3					1	5		

466

	5			9			3	
1		2				5		6
	3			4			1	
4			1		8			9
	8			7			4	
	7		5		6		8	
9		6		3		7		2

467

								6
	5				1		2	
		3		6		5		
7				4		1		9
				3	2			
		8	7			2		4
8					3			2
			8					
9		6		7		4		8

468

	5	3				2	1	
1			5	3				6
					1			
	4		9				8	7
	9			4	8			
		5						1
					4		2	
4	2			8			3	
9					6			

469

1	2		8					
	7			6		1	2	
								3
	4			8		7		
		6			2		4	5
					9			
7	1						5	6
	6			7	3			9
	8			4				

470

8	9			7			6	1
				9				
			6				5	
				6				5
		1			5		9	
	2		9					6
		4						
1				8				7
	8	9		4		1	3	

471

			1	2		7		
		6				3		
3	1			8			2	
1								5
	4		5	6	7		8	
		5				4		
				5				2
7				3				
4			8		2			1

472

	7	5					1	6
4				5				
	1				8	9		
2			1			7	3	
	8	3			7			5
		7	3					
				6				7
6	9					4	2	

473

	7							4
1		6	4		9	7		
	8	3		1			5	
	4		5					9
		1				4		
9							6	
	9			3		2	7	
		5	1		6	8		

474

	1						7	
9		5		6		3		8
			5		4			
6								5
	8						9	
4								7
		8	7		9	4		
7				4				3
	9		2		8		6	

475

1				5				4
	5	6				3	9	
2					1	7		
	3		2		4			6
				6				
4			8		7		2	
			7			1		
	8	7					5	
9				3				

476

	5				1	3		
		3		6				5
1		2				6	7	
2								
	1		9				5	
		6		3		1		
	6	9				5		4
				2				6
			6		8		9	

477

	3		7				8	
1				5				7
5		2		6				
						9	4	
7				9				3
	2		5					
		3		8		4		6
6				2				8
	5				4		3	

478

	4			1				
		7	3			8	1	
			5					3
6	9				2			
1								5
		3					7	
8					1			
	1	2	6		8	5		
9							4	

479

		7	4				6	
		1		7		5		
8			3					9
1					8	6		4
				4				
		3						
			2		5			
		5		9		1		
	9	8			6	7		

480

6			4					
	4	7	3					
						8	2	
	3				1			6
	6				5			
			8				7	
2			7				9	
	5	1			8	4	3	
					3			1

481

	4					1		
7			1			3		
					3		2	
3	8				1			5
		5				2		
1			2				4	6
	5		6		9			
		9				7		
		4					1	

482

						7	8	
					1			2
		9			3		1	
		7			9	6		
		6		2			5	
			4					1
	2		9				3	
3			8		7	4		
6				5				

483

		1		7	9			
	2		3			5		
3				4			7	
	3				2			1
		6		9			2	
			8					3
	5	7					3	
1			6		8	7		
4				3				

484

		4	5	3		9		
	6						2	1
9			6		4			
		6				2		3
4				9				
		9				6		
3				4				8
8							5	
	2	1			7			

485

	5						4	9
			1	2		3		
		6					2	7
	8			7	4			
		2				4		
			9	6			8	
4	3					6		
		1		3	8			
5	7							2

486

	6						2	4
4					1			3
				9		6		
					7		8	
		3	4		2	1		
	2		9					
		2		4				
1			6	5				9
6	5							

487

	5	3					6	
1			2					4
				1				5
					7		9	
		6	4			2		
	3			6				
3					9			
2		8				4		6
	6		5				3	

488

9				7		2		
			8					3
		3		4			8	
		5			2	6		
			1			7		
			5	9			4	
		1			6		3	
	2					5		
7					9			6

489

					1		9	
	5			3				7
3		6			2		8	
	9		6			3		
5		3						
	6			8			4	
			3		9		7	
		2				9		
			7		4			

490

		6	2					9
	4			1	9			
		8	6			5		
							2	
			5	4				3
		2			7			8
	7					1		
		5			8			
6			3	7				4

491

2				5	1			4
5			6			2		
		6					3	
	7				4			
		5				4		
4			1				6	
	9					8		
		8			9			3
7			3	4				1

492

				1	3			
			2			9		7
		1				8		4
	7				6			
		2		5		4		
	8		4				6	
3		6				5		
7		4			8			1
8			9	6				

493

	6			8		7		
3			4				1	
		1			2			5
4			1			2		
	1				3			8
		7					9	
5			9			6		
	2				5			7
		3		6			8	

494

7				2	1		8	
9	6			4				3
							6	
					6			
	3	9				1		
2			7				5	
3				5			1	9
	5		4	3			2	

495

								1
		1	4		8			
		2				6		
	3		8		9		7	
2			6		5			4
	6		1		7		8	
		4				9		
3								2
	8						1	

496

					2			
			4	9		8		
	1	7					9	
3					7		6	
	5		9				7	
	6							4
	9		8			5	3	
		2		4	6			
			3					

497

6		4			5		1	
			7	2		4		
					4			5
	9	8						6
7			4		8			9
1								
4								
		6		9	1			
	3		2			7		

498

					9	6		
			4	1			3	2
	1		7	9				
	6						8	
2				5	8		7	
5	7			8	3			9
		9	6				4	3

499

		9				7		
	5						9	
1				9		3		6
				8	7			
	8	7				5	2	
			1	6				
2		4		3				8
	7						4	
		8				6		

500

	6	9					3	7
					3			9
5				1		6		
1			8				7	
		4		7		8		
	2				1			
		8						2
3			4		9		6	8
9						4		

SUPER SUDOKU 500

해 답

001

6	7	9	2	4	3	5	8	1
5	3	8	1	6	7	9	4	2
1	4	2	9	8	5	3	6	7
8	9	6	7	3	1	4	2	5
4	5	3	6	2	8	1	7	9
7	2	1	4	5	9	6	3	8
9	6	5	3	7	2	8	1	4
3	1	7	8	9	4	2	5	6
2	8	4	5	1	6	7	9	3

002

5	6	8	2	7	3	9	4	1
7	2	9	1	4	8	5	3	6
1	4	3	9	6	5	7	8	2
8	9	7	3	2	4	6	1	5
4	3	1	6	5	9	2	7	8
2	5	6	7	8	1	4	9	3
3	7	2	8	9	6	1	5	4
6	1	4	5	3	7	8	2	9
9	8	5	4	1	2	3	6	7

003

9	5	7	8	6	2	1	4	3
2	3	1	7	4	9	6	5	8
6	4	8	3	1	5	2	7	9
8	2	5	9	3	4	7	6	1
7	1	3	2	5	6	9	8	4
4	6	9	1	8	7	5	3	2
3	8	2	5	7	1	4	9	6
1	7	6	4	9	8	3	2	5
5	9	4	6	2	3	8	1	7

004

1	4	8	6	9	2	7	5	3
2	7	5	4	1	3	9	8	6
9	3	6	8	5	7	4	2	1
7	6	9	5	4	1	8	3	2
8	1	4	3	2	6	5	7	9
3	5	2	9	7	8	6	1	4
6	9	3	2	8	5	1	4	7
5	2	7	1	6	4	3	9	8
4	8	1	7	3	9	2	6	5

005

6	2	3	7	9	4	8	5	1
1	5	9	3	8	2	6	4	7
7	8	4	5	6	1	2	9	3
4	9	7	2	1	6	5	3	8
8	1	2	9	5	3	7	6	4
5	3	6	8	4	7	1	2	9
2	4	1	6	3	8	9	7	5
3	6	5	1	7	9	4	8	2
9	7	8	4	2	5	3	1	6

006

5	1	9	7	3	6	8	4	2
6	4	8	1	2	9	7	3	5
3	2	7	4	8	5	1	9	6
7	6	2	8	9	4	5	1	3
8	9	4	5	1	3	6	2	7
1	5	3	2	6	7	4	8	9
4	3	1	6	5	2	9	7	8
9	7	5	3	4	8	2	6	1
2	8	6	9	7	1	3	5	4

007

3	4	2	5	8	1	7	6	9
1	8	9	6	3	7	4	5	2
5	6	7	2	4	9	8	3	1
9	2	1	7	6	8	5	4	3
7	5	4	3	9	2	1	8	6
8	3	6	1	5	4	2	9	7
4	7	8	9	2	6	3	1	5
2	9	5	8	1	3	6	7	4
6	1	3	4	7	5	9	2	8

008

9	4	7	6	2	3	5	8	1
2	1	5	8	4	7	9	6	3
6	8	3	1	9	5	7	2	4
4	7	9	5	1	8	2	3	6
1	3	2	4	6	9	8	5	7
5	6	8	3	7	2	1	4	9
3	2	6	9	8	1	4	7	5
7	9	4	2	5	6	3	1	8
8	5	1	7	3	4	6	9	2

009

4	9	6	2	8	5	3	1	7
8	2	7	9	1	3	5	4	6
5	3	1	6	7	4	2	8	9
9	1	5	4	6	8	7	3	2
6	7	4	3	9	2	1	5	8
2	8	3	1	5	7	9	6	4
7	5	2	8	3	6	4	9	1
3	6	9	7	4	1	8	2	5
1	4	8	5	2	9	6	7	3

010

4	1	3	5	2	7	8	9	6
2	7	8	6	9	1	4	5	3
5	9	6	8	3	4	7	1	2
6	4	1	2	8	9	5	3	7
3	8	9	7	5	6	2	4	1
7	2	5	1	4	3	9	6	8
1	5	7	4	6	2	3	8	9
9	6	4	3	7	8	1	2	5
8	3	2	9	1	5	6	7	4

011

2	1	3	8	6	4	9	7	5
6	8	9	7	3	5	2	1	4
7	4	5	1	2	9	3	8	6
8	5	7	6	9	1	4	3	2
1	6	2	4	7	3	8	5	9
3	9	4	2	5	8	1	6	7
5	3	8	9	4	6	7	2	1
4	7	6	3	1	2	5	9	8
9	2	1	5	8	7	6	4	3

012

7	4	8	9	2	5	6	1	3
9	3	6	1	8	7	5	4	2
1	5	2	3	6	4	8	9	7
2	1	9	8	5	6	3	7	4
6	8	4	7	1	3	2	5	9
5	7	3	4	9	2	1	8	6
4	2	7	5	3	1	9	6	8
8	6	5	2	7	9	4	3	1
3	9	1	6	4	8	7	2	5

013

5	9	8	7	4	1	2	6	3
2	6	7	8	3	5	4	1	9
4	1	3	2	9	6	8	5	7
8	5	1	6	2	9	7	3	4
7	4	6	5	8	3	9	2	1
3	2	9	4	1	7	5	8	6
1	8	2	3	7	4	6	9	5
6	3	4	9	5	8	1	7	2
9	7	5	1	6	2	3	4	8

014

1	9	8	5	2	7	4	6	3
3	5	4	1	9	6	8	7	2
7	2	6	4	8	3	1	5	9
6	4	9	8	5	2	3	1	7
2	8	3	7	1	9	6	4	5
5	7	1	3	6	4	2	9	8
4	1	2	9	7	8	5	3	6
9	6	5	2	3	1	7	8	4
8	3	7	6	4	5	9	2	1

015

1	9	6	8	7	5	4	2	3
8	2	5	3	9	4	7	1	6
4	3	7	6	2	1	8	9	5
5	7	1	2	3	6	9	8	4
2	4	9	5	8	7	3	6	1
6	8	3	1	4	9	5	7	2
7	6	2	9	5	3	1	4	8
3	1	4	7	6	8	2	5	9
9	5	8	4	1	2	6	3	7

016

1	8	3	2	4	5	6	7	9
6	5	7	9	3	1	4	8	2
2	9	4	6	8	7	5	1	3
4	6	9	1	5	2	8	3	7
8	3	5	4	7	9	1	2	6
7	1	2	8	6	3	9	5	4
3	7	6	5	1	4	2	9	8
9	4	1	7	2	8	3	6	5
5	2	8	3	9	6	7	4	1

017

1	2	7	6	4	5	9	3	8
8	4	3	1	2	9	7	6	5
6	9	5	7	8	3	2	4	1
7	1	2	4	3	6	8	5	9
5	8	4	9	1	2	3	7	6
9	3	6	8	5	7	1	2	4
4	6	8	3	7	1	5	9	2
2	7	1	5	9	4	6	8	3
3	5	9	2	6	8	4	1	7

018

3	6	5	8	9	2	4	7	1
2	9	7	5	4	1	3	6	8
1	4	8	7	3	6	2	9	5
5	2	6	1	8	4	9	3	7
4	1	9	3	6	7	5	8	2
7	8	3	2	5	9	6	1	4
6	5	4	9	1	8	7	2	3
8	3	2	6	7	5	1	4	9
9	7	1	4	2	3	8	5	6

019

9	5	1	7	6	8	4	2	3
4	3	8	9	5	2	7	1	6
6	7	2	1	3	4	8	9	5
3	8	6	4	9	1	5	7	2
7	2	4	3	8	5	9	6	1
1	9	5	2	7	6	3	4	8
5	6	7	8	2	9	1	3	4
8	1	9	6	4	3	2	5	7
2	4	3	5	1	7	6	8	9

020

9	5	2	6	3	4	8	7	1
4	7	6	1	2	8	5	3	9
3	8	1	9	7	5	2	6	4
6	3	8	5	1	9	7	4	2
7	9	4	2	6	3	1	8	5
1	2	5	8	4	7	6	9	3
8	4	3	7	5	2	9	1	6
5	1	9	3	8	6	4	2	7
2	6	7	4	9	1	3	5	8

021

1	5	4	3	6	7	8	2	9
9	6	2	8	4	5	1	3	7
7	8	3	1	9	2	5	6	4
4	7	8	5	3	1	6	9	2
2	9	1	6	8	4	7	5	3
6	3	5	7	2	9	4	1	8
8	4	6	9	5	3	2	7	1
3	2	7	4	1	6	9	8	5
5	1	9	2	7	8	3	4	6

022

5	6	8	3	1	7	2	9	4
4	1	2	9	8	5	7	6	3
9	7	3	2	4	6	5	8	1
3	2	7	4	5	8	9	1	6
1	9	6	7	3	2	4	5	8
8	4	5	1	6	9	3	2	7
6	5	9	8	7	3	1	4	2
7	8	1	5	2	4	6	3	9
2	3	4	6	9	1	8	7	5

023

3	4	7	5	8	9	2	6	1
9	6	1	4	3	2	5	8	7
5	2	8	7	6	1	9	4	3
1	3	5	8	4	6	7	9	2
4	8	9	2	5	7	1	3	6
6	7	2	1	9	3	4	5	8
2	5	4	3	7	8	6	1	9
8	1	6	9	2	5	3	7	4
7	9	3	6	1	4	8	2	5

024

8	9	7	4	1	3	2	6	5
3	5	4	9	6	2	1	7	8
1	6	2	8	7	5	9	4	3
7	8	9	2	5	1	6	3	4
4	2	6	7	3	8	5	1	9
5	3	1	6	4	9	7	8	2
2	1	5	3	8	7	4	9	6
6	7	8	5	9	4	3	2	1
9	4	3	1	2	6	8	5	7

025

4	7	3	1	5	6	9	8	2
6	2	1	8	9	7	5	4	3
8	9	5	3	2	4	7	1	6
7	1	4	9	6	3	8	2	5
9	6	8	5	1	2	3	7	4
5	3	2	7	4	8	6	9	1
2	5	9	6	7	1	4	3	8
1	8	6	4	3	9	2	5	7
3	4	7	2	8	5	1	6	9

026

4	2	9	5	3	8	6	1	7
7	6	5	1	2	9	8	4	3
3	1	8	7	4	6	2	5	9
6	5	3	9	1	4	7	2	8
8	9	1	2	7	3	5	6	4
2	4	7	6	8	5	9	3	1
1	8	6	3	9	2	4	7	5
5	3	4	8	6	7	1	9	2
9	7	2	4	5	1	3	8	6

027

7	5	8	6	1	9	3	2	4
4	6	2	8	7	3	9	1	5
1	3	9	5	2	4	8	6	7
5	1	3	2	8	7	6	4	9
6	8	7	9	4	1	5	3	2
9	2	4	3	6	5	7	8	1
2	9	5	4	3	6	1	7	8
3	4	1	7	9	8	2	5	6
8	7	6	1	5	2	4	9	3

028

3	8	5	6	2	1	9	7	4
1	7	2	9	5	4	8	3	6
4	6	9	7	3	8	5	2	1
2	1	6	3	8	9	4	5	7
7	5	4	1	6	2	3	8	9
8	9	3	5	4	7	6	1	2
6	2	8	4	7	3	1	9	5
5	3	1	2	9	6	7	4	8
9	4	7	8	1	5	2	6	3

029

1	4	3	7	8	6	2	5	9
2	8	6	1	9	5	3	4	7
7	9	5	3	4	2	8	1	6
9	3	1	4	2	7	5	6	8
8	5	4	9	6	1	7	2	3
6	7	2	8	5	3	4	9	1
4	2	8	6	3	9	1	7	5
5	6	7	2	1	8	9	3	4
3	1	9	5	7	4	6	8	2

030

6	5	2	4	1	3	8	9	7
4	1	8	2	7	9	5	3	6
7	9	3	5	8	6	1	2	4
2	4	1	9	3	7	6	8	5
3	7	9	6	5	8	4	1	2
5	8	6	1	4	2	3	7	9
1	3	5	7	9	4	2	6	8
9	2	4	8	6	1	7	5	3
8	6	7	3	2	5	9	4	1

031

4	3	5	6	7	1	9	2	8
7	2	9	8	5	3	6	4	1
6	8	1	4	9	2	5	7	3
9	5	2	7	1	8	4	3	6
8	4	3	5	6	9	2	1	7
1	6	7	2	3	4	8	9	5
5	9	8	1	2	7	3	6	4
2	1	6	3	4	5	7	8	9
3	7	4	9	8	6	1	5	2

032

1	3	4	9	7	2	8	6	5
8	5	7	4	6	3	1	2	9
2	6	9	5	1	8	3	7	4
5	2	1	8	3	4	7	9	6
6	9	3	7	2	5	4	1	8
7	4	8	6	9	1	5	3	2
4	7	2	1	5	9	6	8	3
9	1	5	3	8	6	2	4	7
3	8	6	2	4	7	9	5	1

033

7	9	1	6	8	3	4	2	5
2	4	3	5	7	1	9	6	8
5	8	6	9	4	2	3	7	1
1	7	4	2	6	5	8	9	3
3	6	8	7	1	9	5	4	2
9	2	5	4	3	8	7	1	6
6	5	2	8	9	4	1	3	7
8	1	9	3	2	7	6	5	4
4	3	7	1	5	6	2	8	9

034

5	9	6	4	1	3	7	8	2
3	1	2	8	7	9	4	6	5
8	4	7	2	6	5	1	3	9
9	7	3	6	5	1	2	4	8
1	6	8	9	2	4	3	5	7
4	2	5	7	3	8	6	9	1
6	3	1	5	9	7	8	2	4
7	5	4	3	8	2	9	1	6
2	8	9	1	4	6	5	7	3

035

2	6	8	3	1	4	9	5	7
9	1	4	7	2	5	8	6	3
5	3	7	6	9	8	4	2	1
8	2	3	5	4	1	7	9	6
1	7	6	8	3	9	5	4	2
4	9	5	2	6	7	3	1	8
6	8	1	9	5	3	2	7	4
3	4	9	1	7	2	6	8	5
7	5	2	4	8	6	1	3	9

036

2	9	7	8	1	6	4	3	5
3	4	8	2	5	7	6	9	1
1	5	6	9	3	4	7	8	2
9	6	5	1	7	8	2	4	3
4	8	3	5	2	9	1	6	7
7	2	1	6	4	3	9	5	8
8	1	2	4	9	5	3	7	6
5	7	9	3	6	2	8	1	4
6	3	4	7	8	1	5	2	9

037

4	5	8	3	6	9	2	7	1
6	7	2	1	4	5	9	3	8
3	9	1	8	2	7	4	6	5
2	4	7	5	9	3	8	1	6
1	8	5	2	7	6	3	9	4
9	3	6	4	1	8	7	5	2
7	6	4	9	5	2	1	8	3
8	2	9	6	3	1	5	4	7
5	1	3	7	8	4	6	2	9

038

6	3	2	1	4	8	5	9	7
4	1	9	5	7	6	8	2	3
8	5	7	9	2	3	1	4	6
7	6	1	2	9	4	3	5	8
9	2	5	3	8	7	6	1	4
3	8	4	6	5	1	9	7	2
1	7	8	4	6	5	2	3	9
2	4	3	8	1	9	7	6	5
5	9	6	7	3	2	4	8	1

039

5	8	2	4	1	7	3	9	6
9	1	4	6	5	3	2	7	8
3	7	6	8	2	9	4	5	1
4	6	8	5	9	2	1	3	7
7	5	9	3	8	1	6	4	2
2	3	1	7	4	6	5	8	9
6	4	7	2	3	8	9	1	5
1	2	3	9	7	5	8	6	4
8	9	5	1	6	4	7	2	3

040

3	7	9	4	5	8	6	2	1
5	4	8	1	6	2	9	3	7
2	1	6	7	3	9	4	8	5
1	8	2	5	7	6	3	4	9
6	9	4	3	8	1	5	7	2
7	3	5	2	9	4	1	6	8
4	2	7	6	1	5	8	9	3
8	5	3	9	4	7	2	1	6
9	6	1	8	2	3	7	5	4

041

5	8	2	9	6	1	3	7	4
4	6	7	2	5	3	1	9	8
3	1	9	4	8	7	2	6	5
8	2	6	1	7	4	9	5	3
7	3	1	5	9	6	8	4	2
9	5	4	8	3	2	6	1	7
2	9	3	7	1	5	4	8	6
1	4	5	6	2	8	7	3	9
6	7	8	3	4	9	5	2	1

042

1	6	8	4	7	3	2	9	5
7	3	9	6	2	5	1	4	8
2	5	4	1	9	8	7	6	3
6	2	7	3	4	9	8	5	1
8	9	3	5	6	1	4	7	2
4	1	5	7	8	2	9	3	6
5	8	2	9	3	7	6	1	4
3	7	6	8	1	4	5	2	9
9	4	1	2	5	6	3	8	7

043

7	5	3	4	1	8	2	9	6
9	6	4	2	5	3	1	8	7
2	1	8	6	9	7	3	5	4
8	9	1	7	6	5	4	2	3
6	2	5	3	8	4	7	1	9
3	4	7	1	2	9	5	6	8
1	7	2	9	3	6	8	4	5
5	3	6	8	4	2	9	7	1
4	8	9	5	7	1	6	3	2

044

7	9	4	5	6	1	8	2	3
5	8	2	4	9	3	7	6	1
6	1	3	2	7	8	9	5	4
2	4	6	1	5	7	3	9	8
1	7	9	3	8	6	5	4	2
3	5	8	9	2	4	1	7	6
8	3	7	6	4	5	2	1	9
4	2	1	7	3	9	6	8	5
9	6	5	8	1	2	4	3	7

045

5	7	8	2	3	1	4	6	9
4	6	9	8	7	5	1	2	3
3	2	1	4	9	6	7	8	5
8	4	7	9	1	3	2	5	6
6	5	2	7	8	4	3	9	1
9	1	3	5	6	2	8	7	4
2	8	5	3	4	9	6	1	7
7	3	6	1	5	8	9	4	2
1	9	4	6	2	7	5	3	8

046

1	4	5	2	6	3	7	8	9
7	6	3	4	8	9	2	5	1
8	2	9	1	5	7	4	3	6
3	7	1	8	4	5	9	6	2
4	5	6	3	9	2	8	1	7
2	9	8	7	1	6	3	4	5
9	1	2	6	3	4	5	7	8
5	8	4	9	7	1	6	2	3
6	3	7	5	2	8	1	9	4

047

1	9	5	6	3	4	8	7	2
4	7	3	2	8	9	1	5	6
8	6	2	7	5	1	4	9	3
7	3	8	1	6	5	2	4	9
6	2	9	8	4	3	7	1	5
5	4	1	9	7	2	6	3	8
2	5	7	4	9	6	3	8	1
9	8	6	3	1	7	5	2	4
3	1	4	5	2	8	9	6	7

048

8	9	4	7	5	6	1	2	3
7	3	1	2	9	8	4	5	6
5	2	6	1	3	4	9	7	8
2	6	3	9	8	7	5	1	4
4	1	5	6	2	3	7	8	9
9	8	7	4	1	5	6	3	2
6	7	8	5	4	2	3	9	1
3	4	9	8	7	1	2	6	5
1	5	2	3	6	9	8	4	7

049

2	1	3	7	4	6	8	9	5
4	7	8	9	5	1	2	6	3
6	9	5	3	2	8	7	4	1
3	5	6	4	7	9	1	2	8
8	4	7	2	1	5	6	3	9
1	2	9	8	6	3	4	5	7
7	6	1	5	9	2	3	8	4
5	3	2	1	8	4	9	7	6
9	8	4	6	3	7	5	1	2

050

3	2	4	5	7	8	6	9	1
1	5	9	2	4	6	7	3	8
8	6	7	1	3	9	2	4	5
9	4	8	7	2	1	3	5	6
6	7	1	3	8	5	4	2	9
5	3	2	6	9	4	1	8	7
4	1	6	8	5	3	9	7	2
7	9	5	4	1	2	8	6	3
2	8	3	9	6	7	5	1	4

051

8	5	2	7	9	6	3	4	1
1	6	9	3	8	4	5	7	2
7	4	3	2	5	1	9	6	8
9	2	5	1	3	7	4	8	6
6	3	8	9	4	2	7	1	5
4	7	1	5	6	8	2	3	9
3	8	4	6	2	5	1	9	7
2	9	7	8	1	3	6	5	4
5	1	6	4	7	9	8	2	3

052

1	5	9	7	2	4	8	3	6
3	7	2	5	6	8	4	9	1
8	6	4	3	1	9	5	2	7
5	1	6	4	7	3	2	8	9
7	9	3	1	8	2	6	5	4
4	2	8	9	5	6	7	1	3
6	3	5	2	9	7	1	4	8
2	4	7	8	3	1	9	6	5
9	8	1	6	4	5	3	7	2

053

6	3	1	4	9	7	5	8	2
9	4	8	2	6	5	3	7	1
7	2	5	8	3	1	6	9	4
3	1	9	5	4	2	7	6	8
8	6	4	1	7	9	2	5	3
2	5	7	6	8	3	1	4	9
1	9	6	7	2	4	8	3	5
4	8	2	3	5	6	9	1	7
5	7	3	9	1	8	4	2	6

054

1	2	3	6	4	5	8	7	9
7	6	4	8	2	9	1	5	3
8	9	5	3	1	7	6	2	4
5	3	7	1	8	6	4	9	2
2	1	9	5	3	4	7	8	6
6	4	8	9	7	2	5	3	1
4	8	6	2	5	3	9	1	7
3	7	1	4	9	8	2	6	5
9	5	2	7	6	1	3	4	8

055

1	7	9	5	3	8	6	2	4
8	3	6	2	9	4	7	1	5
2	4	5	1	7	6	9	8	3
4	5	3	6	2	9	1	7	8
6	1	2	8	4	7	3	5	9
7	9	8	3	5	1	4	6	2
9	8	1	4	6	5	2	3	7
3	6	4	7	8	2	5	9	1
5	2	7	9	1	3	8	4	6

056

1	5	7	6	8	9	2	4	3
2	6	3	7	4	1	8	9	5
4	9	8	3	5	2	7	1	6
5	8	9	1	6	3	4	7	2
3	7	2	8	9	4	6	5	1
6	1	4	5	2	7	9	3	8
9	4	5	2	3	6	1	8	7
8	2	1	4	7	5	3	6	9
7	3	6	9	1	8	5	2	4

057

8	9	4	1	3	2	5	6	7
5	2	6	9	7	8	4	1	3
1	7	3	6	5	4	8	9	2
3	1	7	4	8	6	2	5	9
6	4	2	5	9	7	3	8	1
9	8	5	2	1	3	6	7	4
2	6	1	8	4	9	7	3	5
7	5	8	3	2	1	9	4	6
4	3	9	7	6	5	1	2	8

058

7	1	8	6	4	9	5	2	3
9	3	4	5	2	7	1	8	6
6	2	5	8	1	3	4	9	7
8	5	3	4	7	1	9	6	2
4	7	9	2	6	5	3	1	8
1	6	2	3	9	8	7	4	5
3	8	6	1	5	4	2	7	9
2	9	1	7	3	6	8	5	4
5	4	7	9	8	2	6	3	1

059

2	6	9	8	4	5	3	1	7
7	8	3	2	1	9	4	6	5
4	5	1	6	7	3	8	2	9
8	2	7	5	3	1	9	4	6
6	9	4	7	2	8	1	5	3
1	3	5	9	6	4	2	7	8
9	7	8	1	5	2	6	3	4
5	4	2	3	8	6	7	9	1
3	1	6	4	9	7	5	8	2

060

3	1	6	9	2	7	5	4	8
8	7	9	4	6	5	2	3	1
2	5	4	8	1	3	9	6	7
4	9	3	5	7	8	1	2	6
7	6	1	2	3	4	8	9	5
5	8	2	1	9	6	3	7	4
6	4	8	3	5	2	7	1	9
9	3	5	7	4	1	6	8	2
1	2	7	6	8	9	4	5	3

061

4	1	5	9	7	6	3	8	2
6	8	3	2	4	1	5	7	9
9	7	2	8	5	3	6	1	4
2	4	6	1	3	9	8	5	7
3	5	7	6	8	4	9	2	1
8	9	1	7	2	5	4	6	3
5	2	9	4	6	7	1	3	8
1	3	8	5	9	2	7	4	6
7	6	4	3	1	8	2	9	5

062

6	7	3	2	1	4	5	8	9
2	8	5	3	6	9	1	4	7
9	1	4	7	8	5	2	3	6
3	4	7	9	5	6	8	1	2
5	9	8	1	2	3	7	6	4
1	6	2	8	4	7	3	9	5
8	5	9	6	7	1	4	2	3
7	3	1	4	9	2	6	5	8
4	2	6	5	3	8	9	7	1

063

9	2	8	5	7	1	6	3	4
7	6	1	8	3	4	5	9	2
5	3	4	2	6	9	1	7	8
8	9	6	3	4	2	7	1	5
3	5	7	6	1	8	4	2	9
1	4	2	7	9	5	8	6	3
6	8	5	1	2	3	9	4	7
4	1	3	9	5	7	2	8	6
2	7	9	4	8	6	3	5	1

064

5	8	1	6	9	7	4	3	2
7	6	4	5	2	3	1	9	8
2	9	3	4	1	8	5	6	7
1	3	2	7	8	9	6	5	4
6	4	8	3	5	1	2	7	9
9	7	5	2	6	4	8	1	3
4	1	9	8	7	5	3	2	6
8	2	7	1	3	6	9	4	5
3	5	6	9	4	2	7	8	1

065

9	4	6	5	7	1	2	3	8
3	2	7	8	9	6	5	4	1
8	1	5	4	2	3	7	6	9
5	3	9	7	6	8	4	1	2
2	6	8	1	5	4	9	7	3
4	7	1	2	3	9	6	8	5
7	8	2	3	4	5	1	9	6
6	5	3	9	1	7	8	2	4
1	9	4	6	8	2	3	5	7

066

9	1	2	3	6	4	8	5	7
3	7	4	8	5	9	1	2	6
5	6	8	2	7	1	9	3	4
1	3	5	7	9	2	4	6	8
6	2	9	4	8	5	7	1	3
8	4	7	6	1	3	5	9	2
2	5	3	9	4	7	6	8	1
4	9	6	1	2	8	3	7	5
7	8	1	5	3	6	2	4	9

067

3	9	1	8	2	6	5	4	7
7	6	5	9	3	4	1	2	8
2	4	8	7	5	1	3	6	9
6	2	3	5	4	8	9	7	1
4	8	7	2	1	9	6	3	5
1	5	9	3	6	7	2	8	4
8	7	6	1	9	2	4	5	3
5	1	4	6	8	3	7	9	2
9	3	2	4	7	5	8	1	6

068

6	4	2	1	8	9	7	3	5
8	5	9	3	2	7	6	4	1
7	3	1	6	4	5	8	9	2
4	7	3	2	1	8	5	6	9
2	9	6	5	7	4	3	1	8
5	1	8	9	6	3	2	7	4
1	8	4	7	5	6	9	2	3
3	6	5	4	9	2	1	8	7
9	2	7	8	3	1	4	5	6

069

4	9	3	2	5	8	7	6	1
7	6	8	1	3	4	9	2	5
5	1	2	9	6	7	4	8	3
9	2	7	5	8	6	1	3	4
6	3	4	7	9	1	2	5	8
8	5	1	3	4	2	6	9	7
1	7	6	8	2	3	5	4	9
3	4	5	6	1	9	8	7	2
2	8	9	4	7	5	3	1	6

070

1	4	6	5	7	2	9	3	8
8	9	2	6	3	4	5	7	1
3	7	5	8	9	1	6	2	4
7	3	1	9	5	8	2	4	6
4	2	8	3	1	6	7	5	9
6	5	9	2	4	7	1	8	3
5	6	7	1	8	3	4	9	2
9	1	3	4	2	5	8	6	7
2	8	4	7	6	9	3	1	5

071

2	1	5	7	8	6	9	4	3
6	4	8	9	1	3	7	2	5
3	7	9	4	2	5	1	6	8
8	5	6	1	7	2	3	9	4
1	9	7	8	3	4	6	5	2
4	2	3	5	6	9	8	1	7
7	6	2	3	4	1	5	8	9
5	3	4	6	9	8	2	7	1
9	8	1	2	5	7	4	3	6

072

6	9	5	8	1	2	7	4	3
3	7	2	4	6	9	1	5	8
8	4	1	5	7	3	2	9	6
4	8	3	7	9	6	5	1	2
5	1	6	3	2	4	8	7	9
7	2	9	1	5	8	3	6	4
2	5	4	6	3	7	9	8	1
1	3	8	9	4	5	6	2	7
9	6	7	2	8	1	4	3	5

073

7	2	6	5	4	1	8	3	9
9	4	8	6	7	3	5	1	2
1	3	5	8	9	2	6	4	7
3	5	4	2	1	9	7	8	6
2	6	1	7	5	8	4	9	3
8	9	7	3	6	4	2	5	1
5	8	2	9	3	6	1	7	4
4	7	3	1	2	5	9	6	8
6	1	9	4	8	7	3	2	5

074

3	5	9	1	8	6	2	7	4
7	6	2	4	5	9	1	3	8
4	1	8	2	3	7	6	9	5
5	8	6	3	2	1	9	4	7
9	3	1	8	7	4	5	6	2
2	4	7	9	6	5	3	8	1
8	9	5	7	1	3	4	2	6
6	2	3	5	4	8	7	1	9
1	7	4	6	9	2	8	5	3

075

3	8	5	2	1	9	6	7	4
2	7	6	8	4	5	1	3	9
4	1	9	6	7	3	8	2	5
6	4	8	1	5	2	3	9	7
9	3	1	7	8	4	5	6	2
5	2	7	9	3	6	4	8	1
8	6	2	5	9	1	7	4	3
1	9	4	3	6	7	2	5	8
7	5	3	4	2	8	9	1	6

076

1	8	3	6	7	9	4	5	2
7	6	9	5	4	2	8	3	1
4	2	5	8	1	3	6	7	9
6	3	8	2	9	1	5	4	7
5	4	1	3	8	7	2	9	6
2	9	7	4	5	6	3	1	8
8	1	4	9	6	5	7	2	3
3	7	6	1	2	4	9	8	5
9	5	2	7	3	8	1	6	4

077

2	6	5	7	1	8	4	9	3
1	4	7	3	9	5	8	6	2
3	8	9	4	6	2	7	5	1
9	7	4	5	2	6	3	1	8
6	1	3	8	4	9	5	2	7
5	2	8	1	7	3	6	4	9
7	9	2	6	8	4	1	3	5
4	3	1	2	5	7	9	8	6
8	5	6	9	3	1	2	7	4

078

6	4	7	5	2	3	8	1	9
8	1	5	4	9	7	3	2	6
3	2	9	6	1	8	5	4	7
4	6	1	7	3	2	9	5	8
7	3	8	9	4	5	1	6	2
5	9	2	1	8	6	7	3	4
2	5	4	3	7	9	6	8	1
1	7	3	8	6	4	2	9	5
9	8	6	2	5	1	4	7	3

079

6	2	5	1	7	8	4	9	3
3	4	7	2	9	6	8	1	5
1	8	9	3	4	5	6	2	7
5	6	8	9	2	3	1	7	4
2	9	4	7	8	1	3	5	6
7	3	1	6	5	4	9	8	2
9	5	3	4	1	2	7	6	8
8	7	6	5	3	9	2	4	1
4	1	2	8	6	7	5	3	9

080

6	5	7	1	2	8	9	4	3
3	4	2	7	9	5	1	8	6
9	8	1	3	6	4	7	2	5
8	3	4	9	1	2	6	5	7
5	2	9	8	7	6	4	3	1
1	7	6	5	4	3	2	9	8
7	6	3	4	8	9	5	1	2
2	9	8	6	5	1	3	7	4
4	1	5	2	3	7	8	6	9

081

5	3	6	4	2	9	7	1	8
9	8	4	1	7	3	6	2	5
1	2	7	8	6	5	9	3	4
3	1	5	2	4	6	8	9	7
8	6	9	5	1	7	3	4	2
4	7	2	3	9	8	1	5	6
6	4	3	9	8	2	5	7	1
2	9	8	7	5	1	4	6	3
7	5	1	6	3	4	2	8	9

082

4	3	5	6	8	1	9	2	7
8	6	1	9	2	7	5	4	3
9	2	7	5	4	3	1	6	8
6	1	4	7	5	8	3	9	2
2	7	8	3	9	4	6	5	1
3	5	9	1	6	2	8	7	4
1	4	6	2	3	5	7	8	9
7	9	2	8	1	6	4	3	5
5	8	3	4	7	9	2	1	6

083

9	1	4	5	2	7	3	8	6
7	6	3	1	8	9	4	2	5
8	5	2	4	6	3	7	9	1
2	3	7	8	1	5	9	6	4
1	4	8	6	9	2	5	7	3
6	9	5	3	7	4	2	1	8
4	8	9	2	3	6	1	5	7
5	2	1	7	4	8	6	3	9
3	7	6	9	5	1	8	4	2

084

8	3	4	2	9	1	5	6	7
2	1	9	6	5	7	8	4	3
6	5	7	8	4	3	2	1	9
4	7	1	9	2	6	3	5	8
3	8	6	4	7	5	1	9	2
9	2	5	1	3	8	4	7	6
5	6	3	7	1	2	9	8	4
1	9	8	3	6	4	7	2	5
7	4	2	5	8	9	6	3	1

085

6	8	1	2	3	9	7	5	4
2	5	4	1	8	7	6	9	3
9	3	7	6	5	4	8	1	2
8	7	5	9	1	3	4	2	6
3	6	9	4	2	8	1	7	5
1	4	2	5	7	6	9	3	8
4	1	3	7	6	2	5	8	9
7	9	8	3	4	5	2	6	1
5	2	6	8	9	1	3	4	7

086

3	9	4	8	7	2	6	1	5
7	5	2	9	6	1	3	4	8
6	1	8	5	3	4	7	2	9
4	7	1	2	9	3	5	8	6
9	6	3	4	5	8	1	7	2
8	2	5	6	1	7	9	3	4
1	4	9	3	2	6	8	5	7
2	3	6	7	8	5	4	9	1
5	8	7	1	4	9	2	6	3

087

7	6	4	9	8	2	1	5	3
2	5	9	1	3	4	6	8	7
8	1	3	5	6	7	4	2	9
3	7	8	4	1	5	9	6	2
1	2	6	8	9	3	5	7	4
4	9	5	7	2	6	3	1	8
9	4	2	6	5	8	7	3	1
6	8	1	3	7	9	2	4	5
5	3	7	2	4	1	8	9	6

088

7	1	2	8	6	9	3	5	4
8	5	4	3	7	1	6	2	9
3	9	6	2	5	4	1	7	8
2	7	9	1	4	5	8	3	6
6	4	1	7	3	8	5	9	2
5	3	8	9	2	6	7	4	1
9	2	3	6	8	7	4	1	5
1	8	5	4	9	3	2	6	7
4	6	7	5	1	2	9	8	3

089

7	1	3	9	4	2	8	5	6
6	9	8	5	7	3	1	4	2
4	5	2	6	1	8	3	9	7
1	7	6	8	9	5	4	2	3
2	8	4	7	3	6	9	1	5
5	3	9	1	2	4	7	6	8
3	2	1	4	5	7	6	8	9
8	4	7	2	6	9	5	3	1
9	6	5	3	8	1	2	7	4

090

7	2	6	4	9	8	5	1	3
1	8	3	2	5	6	9	7	4
9	4	5	3	7	1	2	8	6
4	5	8	1	6	2	7	3	9
3	7	9	5	8	4	6	2	1
2	6	1	9	3	7	8	4	5
5	3	2	7	4	9	1	6	8
6	1	4	8	2	5	3	9	7
8	9	7	6	1	3	4	5	2

091

1	5	4	8	7	3	6	9	2
7	6	2	9	1	4	3	8	5
3	8	9	5	6	2	4	7	1
5	2	1	7	9	6	8	3	4
4	3	6	1	2	8	9	5	7
9	7	8	3	4	5	1	2	6
2	9	7	4	3	1	5	6	8
8	1	3	6	5	7	2	4	9
6	4	5	2	8	9	7	1	3

092

6	3	2	5	9	8	7	1	4
8	9	1	4	3	7	6	5	2
4	5	7	1	2	6	9	8	3
7	8	5	9	6	4	3	2	1
9	2	6	3	8	1	5	4	7
1	4	3	2	7	5	8	9	6
3	1	4	7	5	9	2	6	8
2	6	9	8	4	3	1	7	5
5	7	8	6	1	2	4	3	9

093

2	9	8	6	7	5	4	3	1
4	3	5	1	2	9	6	7	8
1	6	7	8	4	3	5	9	2
6	1	3	9	5	8	2	4	7
5	7	2	3	1	4	9	8	6
9	8	4	7	6	2	3	1	5
8	4	6	2	9	1	7	5	3
7	5	1	4	3	6	8	2	9
3	2	9	5	8	7	1	6	4

094

1	8	6	2	5	9	3	4	7
5	2	3	1	7	4	8	9	6
4	9	7	3	6	8	2	5	1
6	5	9	8	4	1	7	2	3
3	7	4	9	2	6	5	1	8
8	1	2	7	3	5	4	6	9
2	6	1	5	8	3	9	7	4
9	3	5	4	1	7	6	8	2
7	4	8	6	9	2	1	3	5

095

9	5	4	6	2	1	7	8	3
8	2	3	4	7	5	6	9	1
1	7	6	8	3	9	2	4	5
5	1	7	2	4	6	8	3	9
6	9	2	3	5	8	4	1	7
4	3	8	1	9	7	5	6	2
7	8	5	9	1	4	3	2	6
3	4	1	5	6	2	9	7	8
2	6	9	7	8	3	1	5	4

096

5	8	3	1	4	7	2	9	6
9	4	1	8	2	6	7	3	5
2	6	7	9	3	5	4	1	8
3	9	8	4	6	2	5	7	1
6	7	2	5	1	9	3	8	4
1	5	4	7	8	3	6	2	9
4	3	9	2	5	1	8	6	7
8	1	6	3	7	4	9	5	2
7	2	5	6	9	8	1	4	3

097

4	3	1	9	5	2	7	8	6
8	5	6	4	7	3	9	1	2
9	7	2	1	6	8	3	4	5
3	1	8	5	4	9	2	6	7
5	4	9	7	2	6	8	3	1
2	6	7	8	3	1	5	9	4
1	9	4	2	8	5	6	7	3
6	8	5	3	1	7	4	2	9
7	2	3	6	9	4	1	5	8

098

4	9	1	3	7	5	6	8	2
7	2	5	6	8	1	3	4	9
8	3	6	4	9	2	1	7	5
6	5	9	8	2	3	4	1	7
3	4	2	7	1	6	5	9	8
1	8	7	9	5	4	2	3	6
2	7	3	1	6	8	9	5	4
5	1	8	2	4	9	7	6	3
9	6	4	5	3	7	8	2	1

099

7	1	5	6	2	3	8	9	4
3	2	9	4	8	5	1	6	7
8	4	6	7	1	9	2	3	5
9	5	7	1	4	2	6	8	3
1	6	2	3	5	8	4	7	9
4	8	3	9	7	6	5	1	2
2	9	1	5	6	7	3	4	8
5	7	4	8	3	1	9	2	6
6	3	8	2	9	4	7	5	1

100

1	2	8	7	5	6	9	4	3
4	3	7	2	9	8	1	6	5
5	9	6	4	3	1	2	7	8
9	4	3	1	8	7	6	5	2
8	1	5	9	6	2	4	3	7
6	7	2	3	4	5	8	1	9
7	5	4	8	1	9	3	2	6
2	8	1	6	7	3	5	9	4
3	6	9	5	2	4	7	8	1

101

1	8	2	5	4	7	6	9	3
6	5	4	9	8	3	7	1	2
9	7	3	2	6	1	4	5	8
2	9	7	4	3	8	1	6	5
4	1	8	6	9	5	3	2	7
5	3	6	7	1	2	8	4	9
3	2	5	1	7	4	9	8	6
8	6	1	3	5	9	2	7	4
7	4	9	8	2	6	5	3	1

102

1	5	7	6	2	4	9	3	8
6	2	8	9	3	7	4	1	5
9	3	4	8	5	1	7	2	6
8	7	1	3	6	9	2	5	4
3	4	6	5	1	2	8	9	7
2	9	5	7	4	8	1	6	3
5	1	2	4	7	6	3	8	9
7	6	9	2	8	3	5	4	1
4	8	3	1	9	5	6	7	2

103

8	5	6	3	2	1	4	9	7
1	4	9	5	7	8	2	3	6
3	7	2	6	4	9	5	8	1
9	8	4	2	1	5	7	6	3
2	6	7	9	8	3	1	5	4
5	3	1	4	6	7	8	2	9
4	1	3	8	9	2	6	7	5
7	2	5	1	3	6	9	4	8
6	9	8	7	5	4	3	1	2

104

5	9	8	4	7	6	2	3	1
2	6	7	3	1	9	4	5	8
4	1	3	2	8	5	7	9	6
1	7	6	5	4	2	9	8	3
3	8	5	9	6	7	1	2	4
9	2	4	1	3	8	5	6	7
7	4	2	8	9	3	6	1	5
8	5	1	6	2	4	3	7	9
6	3	9	7	5	1	8	4	2

105

3	7	5	6	4	9	8	1	2
4	9	6	1	2	8	7	5	3
8	2	1	7	5	3	6	4	9
6	1	4	8	3	5	9	2	7
9	8	2	4	6	7	1	3	5
5	3	7	9	1	2	4	6	8
2	6	8	3	9	4	5	7	1
7	4	3	5	8	1	2	9	6
1	5	9	2	7	6	3	8	4

106

3	8	4	2	7	5	6	9	1
7	6	1	8	9	4	3	2	5
2	5	9	1	3	6	8	7	4
1	9	8	5	6	3	2	4	7
4	7	6	9	1	2	5	3	8
5	3	2	4	8	7	1	6	9
9	4	5	6	2	8	7	1	3
6	1	3	7	5	9	4	8	2
8	2	7	3	4	1	9	5	6

107

3	9	1	4	2	8	7	5	6
7	8	2	6	5	3	1	4	9
6	4	5	1	9	7	3	2	8
5	2	7	9	3	1	6	8	4
9	3	8	7	6	4	2	1	5
1	6	4	5	8	2	9	7	3
8	1	6	2	4	9	5	3	7
4	7	9	3	1	5	8	6	2
2	5	3	8	7	6	4	9	1

108

6	4	1	3	8	5	7	2	9
7	3	8	2	4	9	1	5	6
2	5	9	6	7	1	3	4	8
8	6	4	9	2	3	5	7	1
5	7	2	1	6	4	8	9	3
9	1	3	8	5	7	2	6	4
4	8	5	7	1	6	9	3	2
1	9	6	5	3	2	4	8	7
3	2	7	4	9	8	6	1	5

109

7	5	9	1	8	6	3	4	2
6	1	4	5	2	3	7	8	9
2	8	3	7	4	9	6	5	1
9	2	5	3	7	8	4	1	6
1	6	7	4	5	2	8	9	3
4	3	8	9	6	1	5	2	7
8	4	6	2	1	7	9	3	5
3	7	2	8	9	5	1	6	4
5	9	1	6	3	4	2	7	8

110

6	9	5	1	2	8	7	4	3
2	4	3	6	9	7	8	1	5
1	8	7	4	5	3	9	2	6
7	6	4	3	1	2	5	9	8
5	2	9	7	8	6	4	3	1
3	1	8	5	4	9	6	7	2
9	5	1	2	6	4	3	8	7
8	7	6	9	3	1	2	5	4
4	3	2	8	7	5	1	6	9

111

4	9	1	3	6	2	5	7	8
3	7	5	8	4	9	6	2	1
8	6	2	7	1	5	4	9	3
2	1	6	4	5	3	9	8	7
5	8	3	9	7	6	1	4	2
7	4	9	1	2	8	3	6	5
9	2	7	5	3	4	8	1	6
1	3	8	6	9	7	2	5	4
6	5	4	2	8	1	7	3	9

112

1	6	4	9	5	7	8	2	3
8	5	9	1	2	3	7	4	6
2	7	3	8	4	6	1	9	5
5	2	1	6	8	4	9	3	7
7	3	8	2	1	9	6	5	4
9	4	6	3	7	5	2	8	1
4	8	2	5	6	1	3	7	9
3	1	7	4	9	2	5	6	8
6	9	5	7	3	8	4	1	2

113

9	4	1	3	8	7	6	2	5
5	3	7	9	6	2	8	1	4
8	6	2	5	1	4	7	9	3
1	7	4	8	2	9	5	3	6
3	5	9	6	4	1	2	8	7
6	2	8	7	3	5	9	4	1
7	8	3	1	9	6	4	5	2
4	1	6	2	5	8	3	7	9
2	9	5	4	7	3	1	6	8

114

4	6	8	1	9	5	2	3	7
7	1	3	4	2	8	5	9	6
5	2	9	3	7	6	1	8	4
9	8	6	2	3	1	7	4	5
1	3	7	5	6	4	9	2	8
2	5	4	7	8	9	6	1	3
3	4	2	6	1	7	8	5	9
6	9	5	8	4	2	3	7	1
8	7	1	9	5	3	4	6	2

115

6	8	1	5	4	3	9	2	7
3	2	5	9	1	7	8	6	4
9	7	4	2	8	6	5	1	3
2	3	7	1	6	8	4	5	9
5	4	6	7	3	9	2	8	1
1	9	8	4	5	2	7	3	6
4	1	2	3	7	5	6	9	8
8	5	3	6	9	4	1	7	2
7	6	9	8	2	1	3	4	5

116

2	3	4	5	8	9	1	6	7
5	1	9	4	7	6	2	3	8
8	7	6	3	2	1	5	4	9
4	6	7	9	3	2	8	5	1
9	5	1	8	6	4	7	2	3
3	2	8	1	5	7	6	9	4
1	8	2	6	9	3	4	7	5
6	4	3	7	1	5	9	8	2
7	9	5	2	4	8	3	1	6

117

2	8	5	6	9	3	1	4	7
1	4	3	2	7	5	6	9	8
7	6	9	4	8	1	3	2	5
9	3	1	5	4	8	2	7	6
5	7	4	3	6	2	9	8	1
6	2	8	9	1	7	5	3	4
3	5	6	7	2	4	8	1	9
8	9	7	1	3	6	4	5	2
4	1	2	8	5	9	7	6	3

118

1	6	3	8	9	5	2	7	4
2	9	4	1	3	7	5	8	6
5	7	8	2	4	6	1	3	9
3	1	7	5	8	9	4	6	2
6	8	5	4	2	3	9	1	7
4	2	9	7	6	1	8	5	3
8	4	1	3	7	2	6	9	5
7	5	6	9	1	4	3	2	8
9	3	2	6	5	8	7	4	1

119

2	5	8	4	7	9	6	3	1
9	7	6	1	3	5	4	8	2
1	3	4	2	6	8	7	5	9
6	1	9	3	2	4	5	7	8
4	2	5	6	8	7	9	1	3
7	8	3	5	9	1	2	4	6
5	6	2	7	1	3	8	9	4
8	4	1	9	5	2	3	6	7
3	9	7	8	4	6	1	2	5

120

2	1	6	3	8	9	4	5	7
7	9	8	2	4	5	6	1	3
3	4	5	7	1	6	2	8	9
9	2	4	8	5	7	3	6	1
6	8	3	1	9	4	5	7	2
1	5	7	6	3	2	8	9	4
8	6	2	9	7	3	1	4	5
4	3	9	5	6	1	7	2	8
5	7	1	4	2	8	9	3	6

121

2	3	5	1	7	9	6	4	8
1	9	4	6	2	8	7	3	5
7	6	8	5	3	4	9	2	1
9	7	1	2	4	3	5	8	6
8	2	3	7	6	5	4	1	9
5	4	6	8	9	1	2	7	3
4	1	7	9	8	6	3	5	2
6	8	2	3	5	7	1	9	4
3	5	9	4	1	2	8	6	7

122

1	6	5	3	7	4	8	9	2
8	3	2	9	1	6	7	4	5
9	4	7	8	2	5	1	3	6
2	1	4	6	8	9	3	5	7
6	7	9	1	5	3	4	2	8
3	5	8	2	4	7	9	6	1
5	9	3	7	6	8	2	1	4
7	2	6	4	3	1	5	8	9
4	8	1	5	9	2	6	7	3

123

6	8	9	5	4	2	7	1	3
3	7	1	8	9	6	4	5	2
4	2	5	1	3	7	8	9	6
2	4	6	9	7	3	5	8	1
7	1	3	4	5	8	2	6	9
9	5	8	6	2	1	3	7	4
5	3	2	7	1	9	6	4	8
8	9	7	3	6	4	1	2	5
1	6	4	2	8	5	9	3	7

124

2	3	4	5	1	8	9	7	6
5	1	6	2	7	9	3	4	8
9	8	7	3	6	4	1	5	2
3	5	9	1	2	6	4	8	7
7	6	8	4	9	5	2	1	3
1	4	2	8	3	7	5	6	9
4	7	5	9	8	2	6	3	1
6	2	3	7	4	1	8	9	5
8	9	1	6	5	3	7	2	4

125

6	3	1	5	9	2	4	8	7
8	7	4	1	6	3	2	9	5
5	9	2	8	7	4	1	3	6
4	1	9	7	5	8	6	2	3
2	8	6	3	4	9	7	5	1
3	5	7	6	2	1	8	4	9
1	4	3	9	8	6	5	7	2
7	6	8	2	3	5	9	1	4
9	2	5	4	1	7	3	6	8

126

2	5	8	6	3	7	1	9	4
3	4	1	2	9	5	6	8	7
9	6	7	1	4	8	3	2	5
1	7	3	5	8	9	4	6	2
4	2	5	3	7	6	9	1	8
6	8	9	4	2	1	5	7	3
5	9	2	7	6	3	8	4	1
7	3	6	8	1	4	2	5	9
8	1	4	9	5	2	7	3	6

127

1	5	4	3	2	7	6	9	8
6	8	2	9	4	1	7	5	3
9	3	7	5	8	6	1	4	2
4	2	3	1	7	8	9	6	5
8	1	6	4	5	9	2	3	7
7	9	5	2	6	3	4	8	1
3	7	9	6	1	5	8	2	4
2	6	8	7	3	4	5	1	9
5	4	1	8	9	2	3	7	6

128

5	8	7	6	9	2	4	1	3
6	2	4	1	5	3	7	9	8
3	9	1	7	8	4	2	5	6
8	6	9	5	7	1	3	4	2
1	3	2	4	6	9	8	7	5
4	7	5	3	2	8	9	6	1
7	4	3	8	1	6	5	2	9
9	1	8	2	4	5	6	3	7
2	5	6	9	3	7	1	8	4

129

3	4	7	5	1	6	9	2	8
8	5	1	2	9	3	4	7	6
2	9	6	7	8	4	1	3	5
1	7	2	4	5	9	6	8	3
6	3	9	8	2	7	5	4	1
5	8	4	6	3	1	2	9	7
7	1	3	9	6	2	8	5	4
4	2	5	1	7	8	3	6	9
9	6	8	3	4	5	7	1	2

130

4	2	8	1	6	7	3	5	9
6	9	1	5	3	2	7	4	8
5	7	3	9	4	8	2	1	6
2	8	5	6	9	1	4	3	7
1	6	4	8	7	3	9	2	5
7	3	9	4	2	5	6	8	1
9	5	2	3	8	6	1	7	4
3	1	6	7	5	4	8	9	2
8	4	7	2	1	9	5	6	3

131

6	2	9	1	3	5	8	4	7
1	8	4	7	2	9	5	3	6
3	5	7	6	8	4	2	1	9
7	3	5	2	9	6	4	8	1
4	9	1	3	5	8	6	7	2
8	6	2	4	1	7	9	5	3
2	4	6	5	7	3	1	9	8
5	7	8	9	6	1	3	2	4
9	1	3	8	4	2	7	6	5

132

6	5	8	3	4	2	7	1	9
9	2	1	8	7	5	6	4	3
7	4	3	1	6	9	5	2	8
8	9	7	2	5	6	4	3	1
3	6	2	4	1	7	8	9	5
5	1	4	9	3	8	2	6	7
1	8	9	7	2	4	3	5	6
4	7	6	5	9	3	1	8	2
2	3	5	6	8	1	9	7	4

133

9	8	1	4	5	6	2	7	3
6	7	3	1	2	9	4	5	8
2	4	5	7	8	3	6	9	1
8	3	4	6	9	5	1	2	7
1	6	2	8	3	7	5	4	9
5	9	7	2	1	4	8	3	6
4	5	6	3	7	1	9	8	2
3	2	9	5	6	8	7	1	4
7	1	8	9	4	2	3	6	5

134

1	7	3	4	5	6	8	2	9
4	9	2	3	1	8	5	6	7
5	6	8	9	2	7	3	4	1
3	4	7	8	9	2	6	1	5
9	2	5	6	4	1	7	8	3
6	8	1	7	3	5	4	9	2
7	1	4	5	6	9	2	3	8
2	5	6	1	8	3	9	7	4
8	3	9	2	7	4	1	5	6

135

2	4	8	9	6	3	1	7	5
7	9	5	8	1	4	3	2	6
6	3	1	5	2	7	8	9	4
1	6	2	7	3	5	4	8	9
4	5	3	2	8	9	7	6	1
9	8	7	1	4	6	5	3	2
8	1	9	4	7	2	6	5	3
3	2	4	6	5	8	9	1	7
5	7	6	3	9	1	2	4	8

136

1	3	2	5	9	7	4	6	8
9	5	4	8	6	2	3	1	7
7	8	6	4	3	1	2	9	5
3	4	1	9	5	6	8	7	2
5	2	9	7	8	3	1	4	6
8	6	7	2	1	4	9	5	3
6	7	8	1	2	9	5	3	4
2	1	3	6	4	5	7	8	9
4	9	5	3	7	8	6	2	1

137

1	7	6	8	9	5	4	3	2
5	3	8	4	2	6	7	9	1
2	9	4	7	3	1	5	6	8
7	1	5	9	6	2	8	4	3
8	2	9	3	7	4	1	5	6
6	4	3	5	1	8	2	7	9
9	8	1	6	4	7	3	2	5
3	5	7	2	8	9	6	1	4
4	6	2	1	5	3	9	8	7

138

7	1	2	8	3	9	5	4	6
8	6	9	7	4	5	3	2	1
4	5	3	6	2	1	7	8	9
9	7	5	4	6	8	1	3	2
2	8	4	5	1	3	6	9	7
6	3	1	2	9	7	8	5	4
3	4	7	9	8	6	2	1	5
5	2	8	1	7	4	9	6	3
1	9	6	3	5	2	4	7	8

139

6	9	3	2	1	4	7	5	8
1	5	2	3	8	7	6	4	9
7	8	4	6	5	9	2	3	1
5	2	7	9	6	3	1	8	4
9	3	8	4	7	1	5	2	6
4	1	6	8	2	5	3	9	7
8	6	1	5	4	2	9	7	3
3	7	5	1	9	8	4	6	2
2	4	9	7	3	6	8	1	5

140

2	8	6	4	9	7	1	5	3
7	5	3	6	1	2	4	8	9
1	4	9	5	3	8	2	7	6
6	7	5	9	8	4	3	1	2
3	2	8	1	6	5	7	9	4
4	9	1	7	2	3	8	6	5
5	1	2	8	4	9	6	3	7
8	3	7	2	5	6	9	4	1
9	6	4	3	7	1	5	2	8

141

8	2	3	4	5	9	1	7	6
7	5	9	6	8	1	2	4	3
6	1	4	3	7	2	9	5	8
9	4	8	7	3	6	5	2	1
5	3	7	2	1	8	4	6	9
2	6	1	9	4	5	3	8	7
1	7	5	8	9	4	6	3	2
3	9	2	5	6	7	8	1	4
4	8	6	1	2	3	7	9	5

142

9	5	8	7	2	6	1	4	3
6	2	3	9	4	1	5	7	8
4	1	7	8	5	3	2	6	9
5	3	4	2	1	7	9	8	6
1	9	6	4	3	8	7	5	2
8	7	2	5	6	9	3	1	4
2	4	1	6	9	5	8	3	7
7	6	5	3	8	2	4	9	1
3	8	9	1	7	4	6	2	5

143

7	5	4	1	9	8	6	2	3
3	6	8	7	5	2	1	9	4
9	2	1	4	3	6	7	5	8
1	3	6	8	2	7	5	4	9
8	9	7	5	4	1	3	6	2
2	4	5	9	6	3	8	7	1
5	7	3	2	8	9	4	1	6
6	1	9	3	7	4	2	8	5
4	8	2	6	1	5	9	3	7

144

1	6	4	9	3	7	5	2	8
2	5	9	6	4	8	1	7	3
3	8	7	1	2	5	6	9	4
9	3	8	7	5	6	4	1	2
7	1	2	4	8	9	3	5	6
5	4	6	3	1	2	9	8	7
8	7	1	5	6	4	2	3	9
6	9	5	2	7	3	8	4	1
4	2	3	8	9	1	7	6	5

145

1	7	4	6	8	5	3	2	9
3	6	9	2	7	1	8	5	4
5	2	8	9	3	4	6	7	1
4	9	7	8	1	3	2	6	5
6	3	1	5	2	7	9	4	8
8	5	2	4	9	6	1	3	7
9	1	5	7	6	2	4	8	3
7	8	6	3	4	9	5	1	2
2	4	3	1	5	8	7	9	6

146

2	8	9	1	3	4	5	7	6
6	4	3	2	5	7	1	8	9
7	1	5	8	9	6	2	3	4
1	5	4	6	7	3	9	2	8
9	2	6	5	1	8	3	4	7
8	3	7	4	2	9	6	5	1
3	7	8	9	6	5	4	1	2
4	9	1	3	8	2	7	6	5
5	6	2	7	4	1	8	9	3

147

2	5	7	4	1	8	6	3	9
9	4	6	2	7	3	1	5	8
3	1	8	6	5	9	2	7	4
8	9	5	7	6	2	3	4	1
7	3	4	8	9	1	5	6	2
6	2	1	3	4	5	8	9	7
1	6	3	9	2	4	7	8	5
5	8	9	1	3	7	4	2	6
4	7	2	5	8	6	9	1	3

148

1	8	5	3	2	7	6	9	4
2	9	4	5	8	6	1	7	3
3	6	7	9	1	4	2	5	8
6	3	2	7	5	1	4	8	9
8	4	1	6	3	9	5	2	7
5	7	9	2	4	8	3	1	6
4	1	3	8	9	2	7	6	5
9	2	6	4	7	5	8	3	1
7	5	8	1	6	3	9	4	2

149

8	1	9	2	3	4	7	5	6
2	3	7	9	5	6	4	8	1
4	6	5	1	7	8	2	9	3
6	8	3	7	2	1	9	4	5
7	9	2	3	4	5	6	1	8
1	5	4	8	6	9	3	2	7
5	7	6	4	8	2	1	3	9
9	2	8	6	1	3	5	7	4
3	4	1	5	9	7	8	6	2

150

7	1	6	3	9	8	2	4	5
2	3	4	7	6	5	9	1	8
5	8	9	1	2	4	6	7	3
1	9	8	5	3	2	4	6	7
6	2	5	4	8	7	1	3	9
4	7	3	6	1	9	5	8	2
3	6	7	2	5	1	8	9	4
8	4	2	9	7	6	3	5	1
9	5	1	8	4	3	7	2	6

151

3	1	2	8	9	7	5	6	4
6	7	5	3	1	4	9	2	8
8	4	9	2	5	6	7	3	1
7	8	4	5	3	9	6	1	2
9	6	1	4	7	2	3	8	5
2	5	3	6	8	1	4	7	9
5	9	7	1	6	8	2	4	3
4	3	8	7	2	5	1	9	6
1	2	6	9	4	3	8	5	7

152

5	7	6	3	1	2	8	4	9
4	3	9	6	8	7	5	1	2
2	8	1	4	9	5	7	6	3
9	2	4	8	7	3	6	5	1
6	5	8	1	2	9	4	3	7
3	1	7	5	6	4	2	9	8
7	9	3	2	4	6	1	8	5
8	6	5	7	3	1	9	2	4
1	4	2	9	5	8	3	7	6

153

1	3	6	7	2	8	4	5	9
7	8	4	5	6	9	2	3	1
2	9	5	1	4	3	6	8	7
5	1	2	4	8	7	9	6	3
9	4	3	2	5	6	7	1	8
8	6	7	9	3	1	5	2	4
6	7	8	3	9	2	1	4	5
3	5	9	6	1	4	8	7	2
4	2	1	8	7	5	3	9	6

154

1	8	2	5	6	4	9	3	7
7	4	5	1	9	3	2	6	8
3	6	9	2	7	8	1	5	4
9	3	1	6	5	7	8	4	2
6	5	8	9	4	2	7	1	3
4	2	7	8	3	1	6	9	5
5	1	4	7	2	9	3	8	6
8	7	6	3	1	5	4	2	9
2	9	3	4	8	6	5	7	1

155

8	3	9	2	4	7	1	6	5
6	1	2	5	3	8	4	7	9
7	5	4	6	9	1	3	8	2
3	9	6	1	7	5	8	2	4
2	4	1	8	6	3	9	5	7
5	7	8	9	2	4	6	3	1
4	8	3	7	5	9	2	1	6
9	6	7	3	1	2	5	4	8
1	2	5	4	8	6	7	9	3

156

9	7	4	5	8	3	1	6	2
2	1	8	9	4	6	3	7	5
3	5	6	7	1	2	9	4	8
1	8	5	3	6	4	2	9	7
7	4	2	8	5	9	6	3	1
6	3	9	1	2	7	8	5	4
5	2	3	6	7	1	4	8	9
4	9	7	2	3	8	5	1	6
8	6	1	4	9	5	7	2	3

157

7	8	4	1	9	2	5	3	6
3	9	2	6	5	4	7	1	8
6	5	1	8	7	3	4	2	9
9	1	3	7	4	6	2	8	5
4	7	5	2	3	8	6	9	1
2	6	8	9	1	5	3	7	4
5	2	9	3	6	1	8	4	7
8	4	7	5	2	9	1	6	3
1	3	6	4	8	7	9	5	2

158

2	5	3	4	9	7	8	6	1
1	7	6	2	3	8	4	9	5
8	4	9	1	5	6	2	7	3
9	2	8	5	7	4	1	3	6
5	6	1	9	8	3	7	2	4
7	3	4	6	2	1	5	8	9
6	9	2	7	4	5	3	1	8
3	1	5	8	6	2	9	4	7
4	8	7	3	1	9	6	5	2

159

7	6	2	4	5	8	9	1	3
1	9	4	3	7	2	5	8	6
5	3	8	1	9	6	2	7	4
9	7	3	2	4	5	8	6	1
4	5	6	8	3	1	7	2	9
8	2	1	7	6	9	3	4	5
2	4	5	6	8	3	1	9	7
6	1	9	5	2	7	4	3	8
3	8	7	9	1	4	6	5	2

160

8	4	3	2	6	9	7	1	5
2	6	5	7	1	4	9	3	8
7	9	1	5	8	3	2	6	4
5	1	4	8	3	2	6	9	7
6	3	7	4	9	1	8	5	2
9	8	2	6	7	5	3	4	1
4	2	6	9	5	7	1	8	3
3	7	9	1	4	8	5	2	6
1	5	8	3	2	6	4	7	9

161

1	9	8	3	4	7	2	5	6
3	6	7	5	9	2	4	8	1
4	5	2	6	8	1	7	9	3
7	3	9	8	5	4	1	6	2
2	8	1	7	6	9	5	3	4
6	4	5	2	1	3	8	7	9
5	7	4	1	3	6	9	2	8
9	2	3	4	7	8	6	1	5
8	1	6	9	2	5	3	4	7

162

2	7	5	4	8	1	3	6	9
9	1	8	3	6	7	5	4	2
6	3	4	9	2	5	1	8	7
7	5	6	2	4	3	8	9	1
3	9	2	8	1	6	7	5	4
4	8	1	5	7	9	6	2	3
5	4	9	7	3	8	2	1	6
8	6	3	1	9	2	4	7	5
1	2	7	6	5	4	9	3	8

163

9	6	7	2	8	3	1	5	4
3	4	5	6	9	1	2	8	7
2	1	8	5	4	7	9	3	6
7	2	4	9	5	8	6	1	3
8	5	6	3	1	2	4	7	9
1	9	3	4	7	6	5	2	8
5	7	1	8	6	4	3	9	2
6	8	2	1	3	9	7	4	5
4	3	9	7	2	5	8	6	1

164

1	9	4	2	8	6	5	7	3
2	5	3	9	1	7	8	6	4
8	6	7	4	3	5	2	1	9
4	2	6	8	5	9	1	3	7
3	7	8	1	6	2	9	4	5
9	1	5	3	7	4	6	2	8
7	4	9	5	2	1	3	8	6
5	8	1	6	4	3	7	9	2
6	3	2	7	9	8	4	5	1

165

1	2	7	4	9	5	3	6	8
8	9	3	6	2	7	5	1	4
4	5	6	1	8	3	7	9	2
5	6	8	3	4	9	1	2	7
2	3	4	8	7	1	6	5	9
7	1	9	2	5	6	4	8	3
9	7	1	5	3	2	8	4	6
3	4	5	9	6	8	2	7	1
6	8	2	7	1	4	9	3	5

166

2	8	3	4	6	7	9	1	5
6	5	1	9	3	8	7	2	4
9	4	7	1	5	2	3	6	8
3	9	5	6	8	4	2	7	1
4	2	6	3	7	1	8	5	9
1	7	8	5	2	9	6	4	3
5	1	2	7	9	3	4	8	6
8	6	9	2	4	5	1	3	7
7	3	4	8	1	6	5	9	2

167

7	3	4	6	5	1	2	8	9
9	1	6	4	8	2	3	5	7
8	5	2	7	3	9	4	1	6
5	2	8	3	9	7	1	6	4
1	9	7	5	6	4	8	2	3
4	6	3	2	1	8	9	7	5
3	8	5	1	4	6	7	9	2
6	7	9	8	2	3	5	4	1
2	4	1	9	7	5	6	3	8

168

8	4	1	2	6	3	5	9	7
7	5	6	8	4	9	2	3	1
3	9	2	7	5	1	4	8	6
5	3	8	6	7	4	9	1	2
2	7	4	9	1	5	8	6	3
1	6	9	3	8	2	7	4	5
6	2	7	4	3	8	1	5	9
4	1	3	5	9	7	6	2	8
9	8	5	1	2	6	3	7	4

169

1	3	6	9	7	8	2	5	4
9	2	4	3	1	5	6	7	8
5	7	8	6	4	2	9	1	3
7	4	5	2	6	1	3	8	9
3	6	1	8	9	4	7	2	5
8	9	2	7	5	3	4	6	1
4	8	7	1	2	9	5	3	6
6	5	3	4	8	7	1	9	2
2	1	9	5	3	6	8	4	7

170

4	1	7	8	6	3	5	2	9
8	2	6	5	9	4	7	3	1
3	5	9	7	2	1	6	4	8
9	6	4	3	5	2	1	8	7
1	8	5	6	4	7	2	9	3
7	3	2	9	1	8	4	5	6
2	7	1	4	8	9	3	6	5
5	9	3	2	7	6	8	1	4
6	4	8	1	3	5	9	7	2

171

8	1	4	6	2	9	5	7	3
7	2	5	3	8	4	1	6	9
6	9	3	1	5	7	2	8	4
2	6	9	8	4	1	3	5	7
3	5	8	9	7	2	6	4	1
1	4	7	5	6	3	9	2	8
5	8	1	7	3	6	4	9	2
4	3	6	2	9	8	7	1	5
9	7	2	4	1	5	8	3	6

172

1	3	5	6	8	7	2	9	4
4	9	7	3	1	2	6	5	8
6	8	2	5	9	4	7	1	3
5	2	9	4	7	3	8	6	1
7	1	3	8	6	5	9	4	2
8	6	4	9	2	1	3	7	5
2	7	6	1	4	8	5	3	9
3	4	8	7	5	9	1	2	6
9	5	1	2	3	6	4	8	7

173

1	6	8	3	7	5	4	2	9
3	7	5	2	9	4	6	1	8
4	9	2	1	8	6	5	3	7
9	3	4	5	6	1	7	8	2
5	1	6	7	2	8	3	9	4
8	2	7	9	4	3	1	6	5
6	4	9	8	1	7	2	5	3
2	5	1	4	3	9	8	7	6
7	8	3	6	5	2	9	4	1

174

8	7	9	6	3	1	4	5	2
1	3	5	4	2	7	6	8	9
6	2	4	9	5	8	7	3	1
2	1	3	5	4	6	8	9	7
5	4	8	7	1	9	2	6	3
7	9	6	2	8	3	5	1	4
9	5	1	8	7	4	3	2	6
4	6	2	3	9	5	1	7	8
3	8	7	1	6	2	9	4	5

175

5	3	7	4	6	8	2	9	1
1	8	2	9	3	5	7	4	6
6	4	9	1	7	2	3	8	5
2	9	3	8	5	1	6	7	4
7	5	1	2	4	6	8	3	9
4	6	8	3	9	7	1	5	2
8	1	5	7	2	4	9	6	3
3	2	4	6	8	9	5	1	7
9	7	6	5	1	3	4	2	8

176

4	1	7	8	3	5	6	2	9
3	6	5	9	2	7	1	8	4
2	8	9	4	1	6	7	3	5
6	4	3	7	5	9	2	1	8
5	7	1	6	8	2	9	4	3
8	9	2	3	4	1	5	6	7
1	2	8	5	9	3	4	7	6
7	5	4	2	6	8	3	9	1
9	3	6	1	7	4	8	5	2

177

1	7	8	5	6	3	9	4	2
5	2	3	4	9	1	8	6	7
9	6	4	8	7	2	5	1	3
7	9	1	3	4	5	6	2	8
4	3	2	9	8	6	1	7	5
6	8	5	1	2	7	3	9	4
2	5	7	6	1	8	4	3	9
3	4	6	7	5	9	2	8	1
8	1	9	2	3	4	7	5	6

178

6	1	5	7	4	2	3	9	8
8	2	7	3	9	6	5	4	1
4	9	3	1	5	8	6	2	7
5	4	9	2	7	3	1	8	6
3	8	2	6	1	9	7	5	4
1	7	6	4	8	5	9	3	2
7	3	1	5	2	4	8	6	9
9	6	4	8	3	1	2	7	5
2	5	8	9	6	7	4	1	3

179

6	4	1	3	2	7	8	9	5
7	2	8	9	6	5	4	3	1
5	9	3	1	4	8	6	2	7
2	6	7	5	1	9	3	8	4
9	3	4	8	7	6	5	1	2
8	1	5	4	3	2	7	6	9
3	8	9	7	5	1	2	4	6
1	5	2	6	8	4	9	7	3
4	7	6	2	9	3	1	5	8

180

2	1	8	3	4	5	9	6	7
4	3	7	8	6	9	2	1	5
5	6	9	7	2	1	4	8	3
9	8	4	2	7	6	5	3	1
6	7	1	4	5	3	8	2	9
3	5	2	9	1	8	7	4	6
1	9	6	5	8	4	3	7	2
7	4	3	6	9	2	1	5	8
8	2	5	1	3	7	6	9	4

181

2	7	6	8	3	5	1	4	9
3	5	1	9	2	4	8	6	7
4	8	9	6	7	1	3	2	5
9	6	7	5	8	3	4	1	2
8	1	2	7	4	6	5	9	3
5	3	4	1	9	2	6	7	8
1	2	8	3	6	9	7	5	4
6	9	3	4	5	7	2	8	1
7	4	5	2	1	8	9	3	6

182

4	6	8	5	2	3	1	7	9
3	1	5	9	4	7	2	6	8
9	7	2	1	8	6	3	5	4
1	2	7	4	6	9	8	3	5
8	5	9	3	7	2	6	4	1
6	3	4	8	5	1	9	2	7
7	9	1	2	3	4	5	8	6
2	8	6	7	1	5	4	9	3
5	4	3	6	9	8	7	1	2

183

2	1	3	8	5	9	4	6	7
4	9	8	2	6	7	3	1	5
7	5	6	1	3	4	8	2	9
9	4	7	5	1	3	6	8	2
8	6	1	7	9	2	5	4	3
3	2	5	4	8	6	9	7	1
6	7	9	3	4	1	2	5	8
1	8	4	9	2	5	7	3	6
5	3	2	6	7	8	1	9	4

184

9	7	4	6	1	2	3	5	8
2	8	6	9	3	5	4	7	1
1	3	5	7	4	8	6	9	2
5	2	3	4	7	9	1	8	6
8	9	1	5	6	3	2	4	7
6	4	7	8	2	1	5	3	9
4	1	2	3	9	7	8	6	5
7	6	8	2	5	4	9	1	3
3	5	9	1	8	6	7	2	4

185

9	1	6	2	4	7	8	5	3
8	4	3	6	1	5	2	9	7
5	2	7	3	8	9	6	1	4
6	9	5	8	3	1	4	7	2
4	3	1	7	5	2	9	6	8
2	7	8	9	6	4	5	3	1
7	8	2	1	9	6	3	4	5
3	6	4	5	7	8	1	2	9
1	5	9	4	2	3	7	8	6

186

9	5	6	1	2	4	8	3	7
8	2	7	9	3	6	5	1	4
3	4	1	5	8	7	6	9	2
6	9	8	3	4	2	1	7	5
7	1	2	6	5	8	9	4	3
4	3	5	7	9	1	2	8	6
2	6	3	8	7	9	4	5	1
1	7	9	4	6	5	3	2	8
5	8	4	2	1	3	7	6	9

187

4	1	3	5	9	2	6	8	7
2	9	7	6	8	1	5	3	4
8	6	5	7	4	3	1	9	2
6	7	1	2	3	5	8	4	9
5	4	2	9	7	8	3	6	1
9	3	8	1	6	4	7	2	5
1	5	6	8	2	9	4	7	3
7	2	4	3	5	6	9	1	8
3	8	9	4	1	7	2	5	6

188

2	8	4	7	3	6	5	9	1
5	1	6	2	8	9	4	3	7
3	9	7	4	5	1	2	8	6
9	2	5	6	1	8	7	4	3
6	7	8	3	9	4	1	2	5
4	3	1	5	2	7	9	6	8
1	6	9	8	4	5	3	7	2
7	4	2	1	6	3	8	5	9
8	5	3	9	7	2	6	1	4

189

9	8	2	6	1	7	5	3	4
3	7	6	5	9	4	1	2	8
1	5	4	2	3	8	9	6	7
6	9	3	4	8	5	7	1	2
5	4	1	7	2	3	8	9	6
7	2	8	9	6	1	4	5	3
2	3	5	8	4	9	6	7	1
4	1	7	3	5	6	2	8	9
8	6	9	1	7	2	3	4	5

190

1	5	6	2	4	8	7	9	3
9	8	3	1	7	6	4	2	5
2	7	4	5	3	9	1	8	6
3	4	1	9	5	2	6	7	8
7	6	9	8	1	3	2	5	4
8	2	5	4	6	7	3	1	9
6	3	2	7	8	5	9	4	1
4	9	8	6	2	1	5	3	7
5	1	7	3	9	4	8	6	2

191

5	2	3	7	9	1	8	4	6
8	4	9	6	5	2	3	1	7
6	7	1	4	8	3	9	5	2
7	8	5	9	2	4	1	6	3
4	3	2	1	7	6	5	8	9
9	1	6	8	3	5	2	7	4
3	9	8	5	4	7	6	2	1
2	6	4	3	1	8	7	9	5
1	5	7	2	6	9	4	3	8

192

4	3	1	9	6	7	2	5	8
9	2	8	3	1	5	6	4	7
6	5	7	4	8	2	3	1	9
3	8	5	2	9	6	4	7	1
2	1	6	8	7	4	5	9	3
7	9	4	5	3	1	8	2	6
8	7	2	1	5	3	9	6	4
1	4	9	6	2	8	7	3	5
5	6	3	7	4	9	1	8	2

193

9	5	4	6	1	2	3	7	8
2	8	1	3	7	5	9	4	6
7	3	6	9	4	8	5	2	1
4	2	8	7	3	9	1	6	5
6	7	3	5	2	1	4	8	9
5	1	9	8	6	4	2	3	7
1	6	5	2	8	3	7	9	4
8	9	2	4	5	7	6	1	3
3	4	7	1	9	6	8	5	2

194

4	6	1	2	3	7	8	9	5
9	5	3	6	4	8	1	2	7
8	7	2	5	9	1	6	4	3
1	4	5	7	6	9	3	8	2
3	8	6	1	2	4	5	7	9
7	2	9	8	5	3	4	1	6
2	1	7	3	8	5	9	6	4
5	9	8	4	7	6	2	3	1
6	3	4	9	1	2	7	5	8

195

4	1	9	3	2	5	7	8	6
7	2	6	1	4	8	5	3	9
8	5	3	7	6	9	2	1	4
6	3	8	2	7	4	1	9	5
5	9	1	8	3	6	4	7	2
2	4	7	5	9	1	8	6	3
9	7	2	4	8	3	6	5	1
1	6	4	9	5	7	3	2	8
3	8	5	6	1	2	9	4	7

196

4	2	3	1	7	8	9	6	5
1	6	8	3	9	5	2	4	7
5	9	7	4	6	2	3	8	1
8	4	5	7	3	6	1	9	2
9	1	2	5	8	4	6	7	3
3	7	6	9	2	1	8	5	4
6	5	9	2	1	7	4	3	8
7	3	1	8	4	9	5	2	6
2	8	4	6	5	3	7	1	9

197

1	5	2	8	3	6	9	7	4
7	4	3	2	5	9	6	8	1
9	6	8	4	7	1	5	2	3
2	7	4	9	8	3	1	5	6
8	9	5	6	1	4	2	3	7
3	1	6	7	2	5	4	9	8
5	2	1	3	6	7	8	4	9
6	3	9	5	4	8	7	1	2
4	8	7	1	9	2	3	6	5

198

4	8	1	6	7	9	3	2	5
3	6	9	5	8	2	4	1	7
2	5	7	1	3	4	8	6	9
8	2	6	9	5	3	7	4	1
9	1	3	4	6	7	2	5	8
5	7	4	2	1	8	6	9	3
6	3	2	7	9	1	5	8	4
1	4	8	3	2	5	9	7	6
7	9	5	8	4	6	1	3	2

199

7	1	5	3	8	2	9	6	4
8	6	2	4	1	9	3	5	7
9	3	4	7	6	5	8	1	2
5	8	3	6	9	4	2	7	1
1	7	9	2	5	3	4	8	6
4	2	6	8	7	1	5	9	3
6	4	7	9	3	8	1	2	5
3	5	8	1	2	7	6	4	9
2	9	1	5	4	6	7	3	8

200

1	5	9	7	8	2	4	6	3
4	8	3	1	9	6	2	7	5
2	7	6	3	5	4	1	9	8
6	3	1	9	7	5	8	2	4
8	2	7	6	4	3	5	1	9
9	4	5	2	1	8	6	3	7
5	6	2	4	3	7	9	8	1
7	1	8	5	6	9	3	4	2
3	9	4	8	2	1	7	5	6

201

7	8	9	4	6	2	1	5	3
2	5	6	3	1	7	4	9	8
1	4	3	8	9	5	6	2	7
4	3	7	1	2	6	9	8	5
5	1	2	9	7	8	3	4	6
6	9	8	5	3	4	2	7	1
9	2	5	6	8	1	7	3	4
8	7	1	2	4	3	5	6	9
3	6	4	7	5	9	8	1	2

202

5	9	3	1	2	8	7	4	6
2	4	6	7	5	3	1	8	9
8	7	1	6	4	9	2	3	5
4	5	2	8	7	6	9	1	3
3	8	9	2	1	4	6	5	7
6	1	7	9	3	5	8	2	4
1	6	4	5	8	7	3	9	2
9	3	8	4	6	2	5	7	1
7	2	5	3	9	1	4	6	8

203

7	6	2	9	3	5	1	8	4
9	5	8	6	1	4	2	7	3
4	1	3	2	7	8	6	5	9
3	4	9	7	5	6	8	2	1
6	2	5	1	8	3	4	9	7
1	8	7	4	9	2	3	6	5
2	7	6	5	4	1	9	3	8
5	3	1	8	6	9	7	4	2
8	9	4	3	2	7	5	1	6

204

2	9	1	6	3	5	4	8	7
7	4	3	8	9	1	6	2	5
5	8	6	7	4	2	9	1	3
3	6	4	1	5	9	2	7	8
1	7	8	2	6	4	3	5	9
9	2	5	3	7	8	1	6	4
4	1	9	5	2	7	8	3	6
6	5	2	4	8	3	7	9	1
8	3	7	9	1	6	5	4	2

205

1	8	9	2	3	6	7	5	4
4	6	3	8	7	5	1	9	2
5	7	2	1	4	9	6	8	3
3	9	5	6	2	7	8	4	1
7	2	1	5	8	4	9	3	6
8	4	6	3	9	1	2	7	5
2	1	4	7	5	8	3	6	9
6	5	7	9	1	3	4	2	8
9	3	8	4	6	2	5	1	7

206

4	3	7	1	8	6	2	5	9
5	6	8	2	9	4	1	7	3
9	2	1	7	5	3	4	8	6
6	8	4	5	3	1	9	2	7
3	7	2	8	4	9	6	1	5
1	5	9	6	2	7	3	4	8
7	1	5	9	6	2	8	3	4
8	9	3	4	1	5	7	6	2
2	4	6	3	7	8	5	9	1

207

1	4	3	5	9	6	7	2	8
7	9	5	4	8	2	1	6	3
8	2	6	3	1	7	9	5	4
6	1	9	2	7	4	8	3	5
2	5	4	9	3	8	6	1	7
3	8	7	6	5	1	4	9	2
5	7	2	8	6	9	3	4	1
4	6	8	1	2	3	5	7	9
9	3	1	7	4	5	2	8	6

208

5	1	3	6	2	8	4	9	7
9	4	6	5	1	7	3	8	2
2	7	8	9	4	3	5	1	6
4	2	9	3	8	6	7	5	1
8	5	1	2	7	4	9	6	3
6	3	7	1	9	5	8	2	4
1	9	5	7	3	2	6	4	8
3	8	2	4	6	9	1	7	5
7	6	4	8	5	1	2	3	9

209

5	7	9	1	6	4	3	2	8
3	2	1	8	5	9	4	6	7
6	8	4	2	3	7	9	1	5
8	1	7	9	2	5	6	3	4
4	6	5	3	7	1	2	8	9
2	9	3	4	8	6	7	5	1
1	5	2	7	9	3	8	4	6
9	4	8	6	1	2	5	7	3
7	3	6	5	4	8	1	9	2

210

8	4	9	5	1	7	3	6	2
2	6	1	3	9	8	4	7	5
3	5	7	6	4	2	8	9	1
1	7	3	8	6	5	9	2	4
5	2	8	4	7	9	6	1	3
4	9	6	1	2	3	7	5	8
6	1	2	9	3	4	5	8	7
7	3	5	2	8	6	1	4	9
9	8	4	7	5	1	2	3	6

211

1	5	2	9	6	7	8	3	4
7	3	9	8	2	4	6	5	1
4	8	6	5	1	3	2	7	9
6	2	7	1	4	5	3	9	8
9	4	3	2	8	6	5	1	7
8	1	5	7	3	9	4	2	6
5	7	4	3	9	8	1	6	2
2	9	8	6	5	1	7	4	3
3	6	1	4	7	2	9	8	5

212

2	7	1	8	4	9	3	5	6
5	4	3	1	6	2	8	9	7
8	6	9	7	5	3	4	2	1
9	8	5	4	2	6	1	7	3
4	2	6	3	7	1	9	8	5
3	1	7	5	9	8	2	6	4
7	5	2	9	3	4	6	1	8
6	3	8	2	1	5	7	4	9
1	9	4	6	8	7	5	3	2

213

2	9	6	8	1	5	3	7	4
8	7	4	2	3	9	5	1	6
5	3	1	6	4	7	2	8	9
9	1	5	4	7	8	6	3	2
4	2	8	3	9	6	7	5	1
7	6	3	1	5	2	9	4	8
1	5	2	9	8	3	4	6	7
3	8	9	7	6	4	1	2	5
6	4	7	5	2	1	8	9	3

214

4	3	1	6	5	9	7	8	2
7	9	5	1	8	2	3	4	6
2	6	8	7	3	4	9	5	1
3	4	7	2	6	8	1	9	5
6	5	9	3	4	1	8	2	7
1	8	2	5	9	7	4	6	3
9	2	3	4	7	6	5	1	8
5	1	4	8	2	3	6	7	9
8	7	6	9	1	5	2	3	4

215

1	4	8	9	2	7	5	6	3
6	2	7	5	3	4	1	9	8
9	3	5	6	8	1	4	2	7
4	8	2	7	1	6	9	3	5
5	6	9	3	4	2	7	8	1
3	7	1	8	5	9	6	4	2
2	9	6	1	7	3	8	5	4
8	1	3	4	9	5	2	7	6
7	5	4	2	6	8	3	1	9

216

5	8	4	2	9	7	1	6	3
3	2	9	8	1	6	7	4	5
7	6	1	4	5	3	8	9	2
9	1	8	3	4	5	6	2	7
6	3	2	1	7	8	4	5	9
4	5	7	9	6	2	3	1	8
8	9	3	6	2	4	5	7	1
2	4	5	7	8	1	9	3	6
1	7	6	5	3	9	2	8	4

217

9	7	1	8	6	2	5	3	4
4	3	8	5	9	1	6	2	7
5	2	6	3	4	7	9	8	1
2	4	5	9	1	6	8	7	3
1	6	3	2	7	8	4	5	9
7	8	9	4	5	3	1	6	2
8	1	7	6	3	4	2	9	5
6	5	4	7	2	9	3	1	8
3	9	2	1	8	5	7	4	6

218

5	6	1	3	7	9	8	2	4
4	7	3	1	8	2	9	5	6
8	9	2	5	4	6	3	7	1
9	8	4	7	5	1	6	3	2
1	5	6	4	2	3	7	9	8
3	2	7	6	9	8	1	4	5
2	3	5	8	6	7	4	1	9
7	4	8	9	1	5	2	6	3
6	1	9	2	3	4	5	8	7

219

3	7	1	4	6	8	5	2	9
8	2	4	9	5	7	6	3	1
6	9	5	2	3	1	7	8	4
9	4	3	5	7	6	2	1	8
7	5	8	1	2	9	3	4	6
2	1	6	8	4	3	9	5	7
5	6	9	3	1	4	8	7	2
4	3	7	6	8	2	1	9	5
1	8	2	7	9	5	4	6	3

220

2	7	3	6	5	9	1	4	8
9	6	4	8	2	1	7	3	5
1	5	8	4	7	3	2	9	6
7	9	2	3	4	8	6	5	1
4	1	6	2	9	5	8	7	3
3	8	5	7	1	6	4	2	9
6	3	7	5	8	4	9	1	2
5	4	1	9	6	2	3	8	7
8	2	9	1	3	7	5	6	4

221

8	3	7	9	1	6	5	2	4
9	2	5	7	4	3	6	8	1
1	6	4	2	8	5	7	9	3
4	7	1	3	6	9	8	5	2
6	9	2	4	5	8	3	1	7
3	5	8	1	7	2	9	4	6
5	8	3	6	2	4	1	7	9
7	4	9	5	3	1	2	6	8
2	1	6	8	9	7	4	3	5

222

1	2	8	7	3	9	6	4	5
3	9	4	5	6	1	7	8	2
5	6	7	2	8	4	9	1	3
7	1	2	9	4	6	3	5	8
4	8	9	3	5	7	1	2	6
6	3	5	8	1	2	4	7	9
8	4	3	6	7	5	2	9	1
2	5	1	4	9	3	8	6	7
9	7	6	1	2	8	5	3	4

223

5	3	6	1	8	4	2	9	7
8	9	1	6	2	7	4	3	5
7	2	4	5	9	3	6	8	1
4	8	2	3	1	9	7	5	6
3	7	5	2	6	8	1	4	9
6	1	9	7	4	5	3	2	8
1	4	3	9	5	6	8	7	2
2	5	8	4	7	1	9	6	3
9	6	7	8	3	2	5	1	4

224

3	4	7	1	9	2	6	8	5
9	1	6	8	5	7	2	4	3
2	5	8	6	3	4	1	9	7
6	2	5	3	1	8	9	7	4
7	3	9	5	4	6	8	2	1
1	8	4	2	7	9	3	5	6
4	6	1	9	8	5	7	3	2
5	9	2	7	6	3	4	1	8
8	7	3	4	2	1	5	6	9

225

6	9	5	7	2	3	1	4	8
4	2	1	5	6	8	9	7	3
7	8	3	1	4	9	6	5	2
1	6	2	4	9	5	3	8	7
8	5	9	3	7	2	4	1	6
3	7	4	8	1	6	2	9	5
2	4	6	9	5	7	8	3	1
9	3	7	6	8	1	5	2	4
5	1	8	2	3	4	7	6	9

226

1	7	2	8	3	5	4	6	9
3	8	6	4	7	9	2	5	1
5	9	4	2	6	1	8	7	3
2	1	5	7	9	8	6	3	4
8	6	7	1	4	3	9	2	5
9	4	3	6	5	2	7	1	8
4	2	8	3	1	7	5	9	6
7	5	1	9	8	6	3	4	2
6	3	9	5	2	4	1	8	7

227

3	1	9	7	4	8	2	6	5
6	7	4	5	2	9	1	8	3
2	5	8	3	6	1	7	4	9
4	6	7	1	9	5	3	2	8
5	3	1	4	8	2	6	9	7
9	8	2	6	3	7	4	5	1
7	2	5	9	1	6	8	3	4
1	4	6	8	5	3	9	7	2
8	9	3	2	7	4	5	1	6

228

6	8	2	4	1	9	7	5	3
5	3	4	7	6	2	1	9	8
1	7	9	5	8	3	6	2	4
2	6	3	8	5	7	4	1	9
8	9	5	1	3	4	2	6	7
4	1	7	9	2	6	3	8	5
3	5	6	2	7	8	9	4	1
7	4	8	6	9	1	5	3	2
9	2	1	3	4	5	8	7	6

229

5	3	1	4	8	9	7	2	6
4	8	6	2	1	7	3	9	5
9	2	7	6	5	3	1	8	4
7	5	9	1	4	8	6	3	2
2	6	3	9	7	5	8	4	1
1	4	8	3	6	2	9	5	7
3	9	4	7	2	1	5	6	8
8	1	2	5	3	6	4	7	9
6	7	5	8	9	4	2	1	3

230

2	3	9	7	6	1	4	8	5
4	5	7	3	8	9	1	2	6
6	1	8	2	5	4	7	3	9
3	8	1	4	2	6	5	9	7
7	2	5	9	1	8	3	6	4
9	4	6	5	3	7	2	1	8
5	6	3	8	4	2	9	7	1
1	9	2	6	7	5	8	4	3
8	7	4	1	9	3	6	5	2

231

9	1	2	3	8	5	7	6	4
3	4	6	2	9	7	5	8	1
5	7	8	6	4	1	2	3	9
1	6	7	8	2	4	3	9	5
4	5	3	9	7	6	1	2	8
2	8	9	1	5	3	4	7	6
6	2	5	4	3	9	8	1	7
7	3	1	5	6	8	9	4	2
8	9	4	7	1	2	6	5	3

232

1	7	6	3	4	9	5	2	8
8	5	9	6	2	7	4	1	3
2	4	3	5	1	8	6	7	9
7	6	1	4	9	5	8	3	2
5	8	4	2	7	3	1	9	6
9	3	2	8	6	1	7	5	4
3	1	5	9	8	6	2	4	7
4	9	8	7	5	2	3	6	1
6	2	7	1	3	4	9	8	5

233

8	4	6	1	7	3	5	2	9
9	5	3	8	4	2	7	6	1
1	2	7	5	9	6	3	8	4
4	1	2	6	5	8	9	3	7
3	9	8	4	1	7	2	5	6
6	7	5	3	2	9	4	1	8
7	6	9	2	3	1	8	4	5
2	8	4	7	6	5	1	9	3
5	3	1	9	8	4	6	7	2

234

1	3	7	6	2	9	5	4	8
5	9	2	4	1	8	3	6	7
4	8	6	3	5	7	1	9	2
2	5	1	7	9	3	4	8	6
6	4	3	2	8	5	9	7	1
9	7	8	1	6	4	2	3	5
3	6	9	5	7	1	8	2	4
7	1	4	8	3	2	6	5	9
8	2	5	9	4	6	7	1	3

235

3	4	5	2	8	6	1	9	7
9	7	6	1	3	5	8	2	4
1	2	8	7	9	4	5	3	6
5	6	7	4	2	8	3	1	9
4	1	2	9	5	3	6	7	8
8	9	3	6	7	1	4	5	2
7	8	4	3	1	9	2	6	5
6	3	9	5	4	2	7	8	1
2	5	1	8	6	7	9	4	3

236

4	6	9	3	2	8	7	1	5
8	1	7	6	5	4	3	9	2
5	3	2	1	9	7	4	6	8
2	7	6	5	8	9	1	4	3
1	5	3	2	4	6	8	7	9
9	8	4	7	3	1	2	5	6
6	4	8	9	7	2	5	3	1
3	2	1	4	6	5	9	8	7
7	9	5	8	1	3	6	2	4

237

1	7	4	8	3	2	9	5	6
6	2	8	9	1	5	3	7	4
5	3	9	4	7	6	2	1	8
8	1	6	7	2	9	4	3	5
2	4	5	6	8	3	7	9	1
7	9	3	1	5	4	8	6	2
4	8	1	5	9	7	6	2	3
3	5	7	2	6	8	1	4	9
9	6	2	3	4	1	5	8	7

238

1	2	8	5	3	4	9	7	6
3	4	9	2	6	7	5	8	1
5	7	6	1	8	9	4	2	3
6	5	2	9	7	1	3	4	8
7	3	4	6	5	8	1	9	2
8	9	1	4	2	3	7	6	5
4	6	3	8	9	5	2	1	7
9	8	7	3	1	2	6	5	4
2	1	5	7	4	6	8	3	9

239

9	8	2	5	4	1	6	7	3
3	4	6	2	7	9	1	8	5
5	7	1	6	3	8	2	4	9
4	6	7	8	9	2	3	5	1
2	3	8	1	5	4	7	9	6
1	9	5	7	6	3	8	2	4
6	5	3	9	8	7	4	1	2
8	2	4	3	1	5	9	6	7
7	1	9	4	2	6	5	3	8

240

9	2	5	7	1	8	3	6	4
1	6	3	9	4	5	7	8	2
8	4	7	6	2	3	9	1	5
6	9	2	5	8	7	4	3	1
5	7	1	4	3	2	8	9	6
4	3	8	1	6	9	2	5	7
7	1	6	8	9	4	5	2	3
2	5	9	3	7	6	1	4	8
3	8	4	2	5	1	6	7	9

241

4	8	3	1	5	7	2	6	9
9	6	7	3	4	2	5	1	8
1	5	2	9	8	6	4	7	3
3	7	6	8	2	9	1	5	4
2	1	8	5	6	4	3	9	7
5	4	9	7	1	3	6	8	2
7	2	5	4	9	1	8	3	6
8	9	4	6	3	5	7	2	1
6	3	1	2	7	8	9	4	5

242

1	6	3	5	8	7	4	2	9
8	7	5	9	4	2	6	3	1
9	2	4	3	1	6	8	5	7
2	9	1	4	6	5	7	8	3
3	5	7	1	2	8	9	4	6
4	8	6	7	3	9	2	1	5
6	1	2	8	7	3	5	9	4
5	4	8	6	9	1	3	7	2
7	3	9	2	5	4	1	6	8

243

4	6	7	3	9	1	8	2	5
1	8	5	4	6	2	3	7	9
3	9	2	5	8	7	4	1	6
2	7	6	9	1	8	5	4	3
9	4	3	6	2	5	7	8	1
8	5	1	7	3	4	6	9	2
6	2	4	8	5	9	1	3	7
5	1	8	2	7	3	9	6	4
7	3	9	1	4	6	2	5	8

244

9	5	1	7	2	4	6	8	3
4	2	8	9	6	3	5	7	1
7	3	6	5	8	1	4	9	2
2	6	7	3	4	5	8	1	9
8	9	5	1	7	6	2	3	4
1	4	3	8	9	2	7	5	6
6	1	9	4	5	7	3	2	8
5	8	4	2	3	9	1	6	7
3	7	2	6	1	8	9	4	5

245

2	1	4	7	8	3	6	5	9
7	3	6	5	4	9	1	2	8
9	5	8	1	6	2	3	7	4
4	8	3	2	1	6	5	9	7
6	9	2	3	7	5	4	8	1
1	7	5	4	9	8	2	6	3
5	4	9	6	3	7	8	1	2
8	2	1	9	5	4	7	3	6
3	6	7	8	2	1	9	4	5

246

1	2	3	8	6	7	4	9	5
9	8	7	5	4	3	6	2	1
6	5	4	2	9	1	8	3	7
4	6	9	7	3	2	1	5	8
3	1	5	9	8	4	7	6	2
2	7	8	1	5	6	3	4	9
7	3	1	6	2	9	5	8	4
5	9	6	4	1	8	2	7	3
8	4	2	3	7	5	9	1	6

247

8	6	3	4	9	2	7	1	5
1	9	2	8	5	7	3	4	6
5	7	4	1	6	3	8	9	2
3	2	7	6	1	8	4	5	9
4	5	8	3	2	9	6	7	1
6	1	9	5	7	4	2	3	8
9	8	5	7	3	6	1	2	4
2	3	6	9	4	1	5	8	7
7	4	1	2	8	5	9	6	3

248

6	5	1	3	4	9	8	7	2
4	7	8	6	1	2	9	3	5
9	2	3	7	8	5	1	6	4
2	8	9	4	3	1	7	5	6
7	4	5	2	9	6	3	8	1
3	1	6	8	5	7	2	4	9
5	6	7	1	2	3	4	9	8
1	3	4	9	6	8	5	2	7
8	9	2	5	7	4	6	1	3

249

6	8	1	2	9	4	5	3	7
3	4	7	6	5	8	1	2	9
5	2	9	1	3	7	4	6	8
4	1	6	8	7	2	3	9	5
7	9	3	5	1	6	8	4	2
2	5	8	3	4	9	7	1	6
8	7	2	4	6	1	9	5	3
1	6	5	9	8	3	2	7	4
9	3	4	7	2	5	6	8	1

250

1	9	5	8	6	3	7	2	4
6	2	4	1	9	7	3	5	8
7	8	3	4	2	5	6	1	9
2	5	1	3	4	6	9	8	7
4	3	8	7	5	9	2	6	1
9	7	6	2	8	1	5	4	3
5	1	9	6	3	4	8	7	2
3	4	2	5	7	8	1	9	6
8	6	7	9	1	2	4	3	5

251

1	9	8	4	2	7	6	3	5
6	5	3	8	9	1	4	7	2
7	4	2	5	3	6	9	8	1
9	3	4	6	8	2	1	5	7
5	8	6	7	1	9	2	4	3
2	1	7	3	5	4	8	9	6
4	7	5	1	6	8	3	2	9
3	2	1	9	4	5	7	6	8
8	6	9	2	7	3	5	1	4

252

8	2	7	5	1	3	4	9	6
1	3	4	9	2	6	7	5	8
6	9	5	7	4	8	1	2	3
3	8	1	4	6	9	2	7	5
4	5	6	3	7	2	9	8	1
9	7	2	1	8	5	6	3	4
5	1	3	2	9	4	8	6	7
2	4	8	6	3	7	5	1	9
7	6	9	8	5	1	3	4	2

253

4	7	5	9	1	2	3	8	6
2	3	1	7	8	6	9	5	4
8	9	6	5	3	4	7	1	2
1	2	7	6	5	8	4	9	3
6	4	8	1	9	3	5	2	7
9	5	3	4	2	7	1	6	8
3	6	9	8	4	1	2	7	5
5	8	4	2	7	9	6	3	1
7	1	2	3	6	5	8	4	9

254

2	3	6	8	1	4	5	7	9
8	9	1	7	6	5	3	2	4
7	4	5	2	3	9	8	1	6
5	8	9	1	4	2	7	6	3
1	7	4	3	8	6	9	5	2
6	2	3	5	9	7	4	8	1
4	5	2	6	7	3	1	9	8
9	1	7	4	2	8	6	3	5
3	6	8	9	5	1	2	4	7

255

8	1	3	2	9	4	5	7	6
9	2	4	7	6	5	1	8	3
7	5	6	8	3	1	4	9	2
1	8	5	4	2	7	6	3	9
2	4	9	6	1	3	8	5	7
6	3	7	5	8	9	2	1	4
5	9	8	3	4	2	7	6	1
4	6	1	9	7	8	3	2	5
3	7	2	1	5	6	9	4	8

256

8	4	7	3	5	2	9	1	6
2	6	9	4	1	8	7	5	3
3	1	5	9	6	7	2	8	4
5	8	6	7	9	3	4	2	1
7	9	1	5	2	4	3	6	8
4	2	3	1	8	6	5	7	9
9	5	2	6	4	1	8	3	7
1	7	4	8	3	5	6	9	2
6	3	8	2	7	9	1	4	5

257

1	8	6	9	7	5	4	2	3
9	3	7	2	8	4	1	5	6
5	2	4	1	3	6	8	9	7
2	1	9	6	4	8	3	7	5
7	4	8	5	2	3	6	1	9
3	6	5	7	1	9	2	4	8
8	9	2	3	5	1	7	6	4
6	7	3	4	9	2	5	8	1
4	5	1	8	6	7	9	3	2

258

6	1	2	3	8	9	4	5	7
9	4	5	6	2	7	8	3	1
8	7	3	5	1	4	6	2	9
4	5	8	7	6	1	2	9	3
1	9	7	2	4	3	5	8	6
2	3	6	9	5	8	1	7	4
3	2	4	1	9	5	7	6	8
7	6	1	8	3	2	9	4	5
5	8	9	4	7	6	3	1	2

259

2	9	1	6	4	8	5	7	3
8	3	5	7	2	9	6	1	4
7	6	4	1	5	3	9	2	8
9	5	6	8	1	4	2	3	7
3	4	8	2	6	7	1	9	5
1	2	7	9	3	5	8	4	6
5	7	2	3	9	6	4	8	1
6	8	9	4	7	1	3	5	2
4	1	3	5	8	2	7	6	9

260

8	7	3	1	6	4	2	5	9
4	1	5	7	2	9	3	6	8
2	9	6	8	3	5	1	4	7
6	2	1	5	9	7	8	3	4
7	3	9	4	8	6	5	1	2
5	8	4	3	1	2	9	7	6
1	6	8	2	7	3	4	9	5
9	4	2	6	5	1	7	8	3
3	5	7	9	4	8	6	2	1

261

3	6	4	7	9	5	2	1	8
2	1	9	6	8	4	7	3	5
7	8	5	2	1	3	6	4	9
8	3	6	9	4	7	1	5	2
9	5	1	3	2	8	4	6	7
4	2	7	5	6	1	9	8	3
5	9	3	4	7	6	8	2	1
1	4	2	8	3	9	5	7	6
6	7	8	1	5	2	3	9	4

262

5	7	2	6	3	8	9	1	4
6	9	1	7	4	2	3	8	5
3	4	8	5	9	1	7	6	2
8	2	9	1	7	4	5	3	6
4	6	3	2	5	9	1	7	8
1	5	7	8	6	3	4	2	9
9	1	4	3	2	6	8	5	7
7	8	6	4	1	5	2	9	3
2	3	5	9	8	7	6	4	1

263

8	1	5	6	4	2	9	7	3
2	6	7	8	3	9	5	1	4
9	4	3	5	1	7	8	2	6
6	3	1	9	8	4	2	5	7
5	8	9	7	2	3	4	6	1
4	7	2	1	6	5	3	9	8
7	2	8	3	9	6	1	4	5
3	9	6	4	5	1	7	8	2
1	5	4	2	7	8	6	3	9

264

3	9	5	1	4	2	8	7	6
1	6	8	9	7	3	2	5	4
7	2	4	8	6	5	9	1	3
6	8	2	3	9	1	5	4	7
4	1	9	7	5	6	3	2	8
5	3	7	4	2	8	6	9	1
8	7	6	2	1	9	4	3	5
2	4	3	5	8	7	1	6	9
9	5	1	6	3	4	7	8	2

265

2	1	7	8	4	5	6	3	9
4	6	8	3	9	7	5	1	2
5	9	3	6	2	1	8	7	4
9	5	1	4	7	6	3	2	8
8	3	2	1	5	9	7	4	6
7	4	6	2	8	3	1	9	5
3	2	5	9	1	8	4	6	7
6	7	4	5	3	2	9	8	1
1	8	9	7	6	4	2	5	3

266

2	4	6	1	9	5	7	3	8
9	7	8	2	4	3	6	1	5
5	1	3	8	7	6	4	2	9
3	2	1	7	5	4	9	8	6
4	8	5	6	1	9	2	7	3
7	6	9	3	2	8	5	4	1
8	9	2	5	3	7	1	6	4
1	3	4	9	6	2	8	5	7
6	5	7	4	8	1	3	9	2

267

2	8	5	1	7	4	6	9	3
7	3	9	5	6	2	8	4	1
1	6	4	9	3	8	5	7	2
8	7	6	2	4	9	1	3	5
4	1	2	3	5	7	9	6	8
9	5	3	8	1	6	4	2	7
5	9	7	6	2	1	3	8	4
3	2	8	4	9	5	7	1	6
6	4	1	7	8	3	2	5	9

268

9	4	7	6	1	3	2	5	8
5	8	6	7	4	2	3	9	1
2	1	3	8	5	9	6	4	7
8	7	9	3	2	4	5	1	6
4	6	2	1	8	5	7	3	9
1	3	5	9	6	7	4	8	2
6	2	4	5	9	8	1	7	3
3	9	1	4	7	6	8	2	5
7	5	8	2	3	1	9	6	4

269

1	7	6	4	8	3	2	9	5
9	2	8	6	1	5	3	4	7
3	5	4	9	7	2	1	8	6
8	9	7	1	2	4	6	5	3
5	4	2	3	6	9	8	7	1
6	1	3	7	5	8	9	2	4
7	8	9	5	3	6	4	1	2
2	3	1	8	4	7	5	6	9
4	6	5	2	9	1	7	3	8

270

1	6	5	4	8	9	2	3	7
3	7	9	1	2	5	4	8	6
8	4	2	7	6	3	9	1	5
9	2	4	5	1	7	8	6	3
7	5	3	6	9	8	1	2	4
6	8	1	3	4	2	7	5	9
2	3	8	9	5	4	6	7	1
4	1	7	8	3	6	5	9	2
5	9	6	2	7	1	3	4	8

271

4	7	2	1	9	6	5	3	8
5	1	9	8	7	3	4	6	2
6	8	3	5	4	2	7	1	9
1	6	5	3	8	9	2	7	4
9	3	8	7	2	4	1	5	6
7	2	4	6	5	1	8	9	3
2	4	7	9	6	5	3	8	1
3	5	6	2	1	8	9	4	7
8	9	1	4	3	7	6	2	5

272

4	9	2	3	5	8	7	1	6
7	1	8	2	4	6	5	3	9
6	3	5	1	9	7	2	8	4
2	8	7	5	3	4	6	9	1
9	4	3	6	1	2	8	5	7
5	6	1	7	8	9	4	2	3
3	7	6	8	2	1	9	4	5
1	2	9	4	7	5	3	6	8
8	5	4	9	6	3	1	7	2

273

9	5	2	4	8	6	7	3	1
1	4	7	3	5	9	6	8	2
3	8	6	7	1	2	5	9	4
7	6	5	1	3	8	4	2	9
8	2	3	5	9	4	1	6	7
4	9	1	2	6	7	8	5	3
5	1	8	9	7	3	2	4	6
2	7	9	6	4	5	3	1	8
6	3	4	8	2	1	9	7	5

274

1	4	6	2	3	9	7	5	8
2	9	7	5	8	1	4	6	3
5	8	3	4	7	6	1	2	9
6	3	1	9	4	5	2	8	7
4	2	9	7	6	8	3	1	5
7	5	8	1	2	3	9	4	6
3	1	5	6	9	4	8	7	2
8	7	4	3	5	2	6	9	1
9	6	2	8	1	7	5	3	4

275

8	3	2	9	1	6	7	5	4
7	1	6	5	2	4	3	9	8
5	9	4	3	7	8	2	6	1
3	5	9	1	6	2	4	8	7
1	6	7	8	4	9	5	2	3
4	2	8	7	3	5	6	1	9
2	7	5	4	8	1	9	3	6
9	8	3	6	5	7	1	4	2
6	4	1	2	9	3	8	7	5

276

2	1	9	4	5	8	3	7	6
3	5	4	6	7	9	8	1	2
7	6	8	3	1	2	5	9	4
1	9	7	2	8	3	4	6	5
8	2	5	7	6	4	1	3	9
6	4	3	5	9	1	7	2	8
9	8	2	1	3	5	6	4	7
4	7	1	8	2	6	9	5	3
5	3	6	9	4	7	2	8	1

277

9	1	8	3	5	7	2	4	6
7	2	5	4	6	9	3	1	8
6	3	4	8	1	2	5	9	7
1	8	2	6	7	5	4	3	9
4	7	3	9	2	8	1	6	5
5	6	9	1	3	4	8	7	2
3	9	7	2	8	1	6	5	4
2	5	6	7	4	3	9	8	1
8	4	1	5	9	6	7	2	3

278

7	4	9	8	2	5	6	3	1
1	2	3	9	7	6	4	8	5
6	8	5	4	1	3	7	9	2
3	6	8	5	9	4	2	1	7
5	1	4	7	3	2	9	6	8
9	7	2	1	6	8	5	4	3
2	9	1	6	8	7	3	5	4
8	5	7	3	4	9	1	2	6
4	3	6	2	5	1	8	7	9

279

9	7	8	2	3	1	5	4	6
6	5	4	9	8	7	1	3	2
2	3	1	6	4	5	8	9	7
4	2	7	8	1	6	9	5	3
1	9	5	3	7	4	2	6	8
8	6	3	5	9	2	4	7	1
7	8	2	4	6	9	3	1	5
3	4	6	1	5	8	7	2	9
5	1	9	7	2	3	6	8	4

280

6	2	1	5	7	3	9	8	4
5	7	4	8	9	6	1	3	2
8	9	3	1	2	4	6	5	7
3	5	2	4	6	8	7	1	9
7	4	8	2	1	9	3	6	5
9	1	6	3	5	7	4	2	8
2	3	9	6	4	5	8	7	1
1	6	7	9	8	2	5	4	3
4	8	5	7	3	1	2	9	6

281

4	8	7	3	9	2	6	1	5
1	2	3	6	5	7	4	8	9
6	5	9	1	4	8	2	7	3
2	7	5	8	1	9	3	4	6
8	6	4	5	2	3	7	9	1
3	9	1	4	7	6	8	5	2
7	4	2	9	6	5	1	3	8
9	3	6	7	8	1	5	2	4
5	1	8	2	3	4	9	6	7

282

2	9	5	6	8	4	1	3	7
6	7	4	3	9	1	2	8	5
1	3	8	2	7	5	9	4	6
5	4	7	9	1	3	6	2	8
9	6	2	8	4	7	5	1	3
3	8	1	5	6	2	7	9	4
8	1	9	7	3	6	4	5	2
7	5	3	4	2	9	8	6	1
4	2	6	1	5	8	3	7	9

283

6	9	1	3	5	2	7	8	4
7	8	5	9	1	4	2	6	3
2	3	4	8	7	6	9	5	1
8	2	9	1	4	3	6	7	5
4	1	7	5	6	8	3	2	9
3	5	6	7	2	9	4	1	8
5	6	8	4	3	7	1	9	2
9	4	2	6	8	1	5	3	7
1	7	3	2	9	5	8	4	6

284

2	7	3	6	1	8	9	5	4
9	4	8	7	2	5	3	1	6
1	6	5	9	3	4	7	2	8
6	5	4	2	9	1	8	3	7
3	2	7	5	8	6	4	9	1
8	9	1	4	7	3	5	6	2
7	8	9	3	6	2	1	4	5
5	3	2	1	4	7	6	8	9
4	1	6	8	5	9	2	7	3

285

1	8	4	5	6	3	7	2	9
5	6	2	9	1	7	4	8	3
9	7	3	8	2	4	5	6	1
3	2	5	4	8	9	1	7	6
8	4	7	1	5	6	9	3	2
6	1	9	7	3	2	8	4	5
4	9	6	2	7	1	3	5	8
2	5	1	3	4	8	6	9	7
7	3	8	6	9	5	2	1	4

286

6	3	1	2	7	4	8	5	9
7	8	4	5	9	1	6	2	3
9	2	5	8	6	3	1	4	7
3	4	6	7	1	8	5	9	2
8	5	2	9	3	6	7	1	4
1	9	7	4	2	5	3	6	8
5	7	8	6	4	2	9	3	1
4	1	9	3	5	7	2	8	6
2	6	3	1	8	9	4	7	5

287

5	7	4	9	3	6	1	2	8
9	3	8	2	5	1	6	4	7
1	2	6	4	8	7	9	3	5
2	4	5	6	9	8	7	1	3
7	6	9	1	4	3	8	5	2
3	8	1	7	2	5	4	6	9
4	9	7	3	6	2	5	8	1
8	1	3	5	7	4	2	9	6
6	5	2	8	1	9	3	7	4

288

1	4	8	6	2	5	7	3	9
2	5	7	4	3	9	6	8	1
3	9	6	7	8	1	4	5	2
4	7	3	2	9	8	1	6	5
9	8	1	5	6	4	2	7	3
5	6	2	3	1	7	8	9	4
6	2	4	8	5	3	9	1	7
7	3	9	1	4	6	5	2	8
8	1	5	9	7	2	3	4	6

289

7	6	2	5	1	3	8	9	4
9	5	1	6	4	8	3	7	2
3	4	8	7	9	2	1	5	6
4	1	6	9	5	7	2	8	3
5	2	7	8	3	6	4	1	9
8	3	9	1	2	4	7	6	5
2	9	5	3	8	1	6	4	7
6	8	3	4	7	9	5	2	1
1	7	4	2	6	5	9	3	8

290

1	4	5	7	2	9	8	6	3
2	3	9	6	4	8	7	1	5
7	8	6	1	3	5	9	4	2
9	5	1	8	7	4	3	2	6
4	6	2	5	9	3	1	7	8
3	7	8	2	1	6	4	5	9
5	1	3	4	8	2	6	9	7
8	2	4	9	6	7	5	3	1
6	9	7	3	5	1	2	8	4

291

6	2	7	5	1	4	8	3	9
4	8	5	3	9	6	1	7	2
9	3	1	2	8	7	5	6	4
3	4	8	7	2	9	6	5	1
5	7	9	1	6	3	2	4	8
2	1	6	4	5	8	3	9	7
1	6	2	9	7	5	4	8	3
7	5	3	8	4	1	9	2	6
8	9	4	6	3	2	7	1	5

292

9	6	5	7	1	4	2	3	8
2	8	1	3	5	9	6	7	4
4	7	3	8	6	2	1	9	5
5	9	4	1	3	7	8	2	6
6	3	2	5	9	8	7	4	1
8	1	7	2	4	6	9	5	3
7	5	6	9	8	3	4	1	2
1	2	8	4	7	5	3	6	9
3	4	9	6	2	1	5	8	7

293

1	3	6	8	2	9	4	5	7
2	5	7	3	6	4	9	8	1
8	4	9	1	5	7	2	6	3
7	2	5	9	8	1	6	3	4
6	9	3	2	4	5	1	7	8
4	1	8	7	3	6	5	2	9
9	7	2	6	1	3	8	4	5
3	6	4	5	9	8	7	1	2
5	8	1	4	7	2	3	9	6

294

1	2	7	3	8	4	5	6	9
6	3	4	1	9	5	7	8	2
8	9	5	6	2	7	1	4	3
3	5	6	4	7	1	2	9	8
9	1	2	8	5	6	3	7	4
4	7	8	9	3	2	6	5	1
2	4	3	7	6	9	8	1	5
5	6	9	2	1	8	4	3	7
7	8	1	5	4	3	9	2	6

295

3	6	1	2	5	9	8	7	4
8	4	5	6	7	3	2	9	1
9	2	7	8	4	1	6	3	5
5	3	6	1	9	2	7	4	8
1	9	4	5	8	7	3	6	2
2	7	8	3	6	4	5	1	9
6	1	2	9	3	5	4	8	7
4	8	9	7	2	6	1	5	3
7	5	3	4	1	8	9	2	6

296

1	5	2	9	3	7	6	8	4
9	7	6	4	1	8	3	2	5
4	8	3	2	5	6	7	9	1
7	4	1	8	9	2	5	3	6
8	3	9	1	6	5	4	7	2
2	6	5	7	4	3	9	1	8
6	2	8	3	7	4	1	5	9
5	1	7	6	8	9	2	4	3
3	9	4	5	2	1	8	6	7

297

7	8	2	4	1	3	9	6	5
1	6	4	9	7	5	3	2	8
9	5	3	6	2	8	1	7	4
5	2	8	7	3	6	4	1	9
4	3	9	1	8	2	7	5	6
6	1	7	5	9	4	8	3	2
2	7	1	8	6	9	5	4	3
8	4	6	3	5	7	2	9	1
3	9	5	2	4	1	6	8	7

298

8	1	7	3	4	2	5	9	6
9	4	6	1	7	5	2	8	3
3	5	2	6	8	9	1	7	4
2	6	4	5	3	7	9	1	8
5	7	8	4	9	1	3	6	2
1	3	9	8	2	6	7	4	5
6	9	3	2	1	4	8	5	7
4	8	1	7	5	3	6	2	9
7	2	5	9	6	8	4	3	1

299

8	1	4	6	3	7	5	2	9
6	3	2	5	9	1	4	7	8
5	7	9	8	2	4	1	3	6
2	4	3	7	6	8	9	5	1
9	8	7	2	1	5	3	6	4
1	5	6	3	4	9	2	8	7
7	6	1	9	5	2	8	4	3
3	9	5	4	8	6	7	1	2
4	2	8	1	7	3	6	9	5

300

4	6	3	5	8	1	7	2	9
5	7	1	3	9	2	6	4	8
9	2	8	7	4	6	5	1	3
7	3	6	9	1	5	2	8	4
2	8	4	6	7	3	9	5	1
1	9	5	8	2	4	3	7	6
6	4	2	1	5	9	8	3	7
8	5	9	4	3	7	1	6	2
3	1	7	2	6	8	4	9	5

301

9	8	4	7	1	2	6	3	5
6	5	2	3	4	8	1	9	7
1	7	3	9	6	5	4	2	8
3	6	9	5	7	1	2	8	4
2	1	7	8	3	4	9	5	6
8	4	5	2	9	6	7	1	3
7	2	8	4	5	9	3	6	1
4	9	1	6	8	3	5	7	2
5	3	6	1	2	7	8	4	9

302

5	6	7	9	1	8	3	2	4
2	8	9	6	3	4	7	5	1
4	3	1	7	5	2	6	8	9
6	7	5	8	9	1	2	4	3
8	1	3	4	2	5	9	7	6
9	2	4	3	7	6	8	1	5
3	9	2	5	4	7	1	6	8
7	5	6	1	8	3	4	9	2
1	4	8	2	6	9	5	3	7

303

7	1	8	4	6	5	9	2	3
3	9	5	1	2	7	8	6	4
4	6	2	9	8	3	1	7	5
2	4	7	5	9	8	6	3	1
6	8	3	2	4	1	7	5	9
1	5	9	7	3	6	2	4	8
9	7	6	3	1	4	5	8	2
5	3	1	8	7	2	4	9	6
8	2	4	6	5	9	3	1	7

304

1	8	9	3	6	5	7	2	4
4	5	6	2	7	1	8	3	9
7	3	2	4	9	8	5	6	1
2	1	5	6	4	3	9	7	8
3	4	7	8	2	9	1	5	6
9	6	8	1	5	7	2	4	3
8	9	4	5	3	2	6	1	7
5	7	3	9	1	6	4	8	2
6	2	1	7	8	4	3	9	5

305

1	7	5	9	4	8	6	2	3
8	4	2	3	6	1	9	7	5
9	3	6	5	2	7	4	1	8
2	9	4	6	3	5	1	8	7
7	5	1	4	8	2	3	6	9
3	6	8	7	1	9	5	4	2
6	2	9	8	5	4	7	3	1
5	8	3	1	7	6	2	9	4
4	1	7	2	9	3	8	5	6

306

1	5	3	6	2	7	4	8	9
2	8	4	1	3	9	5	7	6
7	9	6	8	5	4	1	3	2
3	2	9	5	4	6	8	1	7
8	6	7	9	1	3	2	4	5
5	4	1	7	8	2	9	6	3
4	3	8	2	6	5	7	9	1
6	7	2	4	9	1	3	5	8
9	1	5	3	7	8	6	2	4

307

8	3	4	9	1	7	5	6	2
7	6	9	2	3	5	1	8	4
2	1	5	6	4	8	7	3	9
3	9	8	5	7	1	2	4	6
4	5	7	8	6	2	9	1	3
6	2	1	4	9	3	8	5	7
1	7	6	3	8	9	4	2	5
5	8	3	7	2	4	6	9	1
9	4	2	1	5	6	3	7	8

308

9	5	1	6	7	8	4	3	2
7	4	2	1	3	9	5	6	8
6	3	8	5	2	4	9	1	7
2	9	4	7	6	5	1	8	3
3	6	5	8	1	2	7	9	4
1	8	7	9	4	3	2	5	6
4	7	9	3	8	1	6	2	5
8	1	6	2	5	7	3	4	9
5	2	3	4	9	6	8	7	1

309

4	1	9	3	7	8	2	6	5
3	6	8	5	1	2	9	4	7
2	7	5	6	9	4	1	8	3
5	9	2	1	3	6	4	7	8
7	4	6	2	8	9	3	5	1
1	8	3	7	4	5	6	9	2
8	5	4	9	2	1	7	3	6
9	3	1	8	6	7	5	2	4
6	2	7	4	5	3	8	1	9

310

8	6	9	2	7	3	5	4	1
5	1	2	9	4	8	3	6	7
7	3	4	1	6	5	9	8	2
9	5	6	4	3	2	1	7	8
3	8	7	6	9	1	4	2	5
2	4	1	5	8	7	6	3	9
6	2	3	7	1	9	8	5	4
1	7	8	3	5	4	2	9	6
4	9	5	8	2	6	7	1	3

311

2	4	8	7	5	3	6	1	9
9	5	3	6	1	8	7	2	4
7	6	1	9	2	4	8	3	5
1	9	6	8	3	7	5	4	2
8	2	7	5	4	1	3	9	6
5	3	4	2	9	6	1	8	7
4	8	9	1	7	5	2	6	3
6	7	2	3	8	9	4	5	1
3	1	5	4	6	2	9	7	8

312

3	9	1	6	8	7	5	4	2
2	7	6	5	4	3	1	9	8
8	5	4	2	1	9	7	3	6
7	2	8	3	5	4	6	1	9
1	4	5	9	2	6	3	8	7
6	3	9	1	7	8	4	2	5
9	8	3	7	6	1	2	5	4
4	6	2	8	3	5	9	7	1
5	1	7	4	9	2	8	6	3

313

1	9	3	6	5	7	4	2	8
4	2	7	3	9	8	6	1	5
8	5	6	2	4	1	7	3	9
3	6	1	9	7	2	8	5	4
5	7	2	4	8	6	3	9	1
9	4	8	5	1	3	2	7	6
6	1	4	7	2	9	5	8	3
7	3	9	8	6	5	1	4	2
2	8	5	1	3	4	9	6	7

314

2	3	4	8	9	1	6	5	7
8	1	7	6	2	5	3	4	9
5	6	9	7	3	4	1	8	2
7	4	2	9	1	6	8	3	5
9	5	3	4	8	2	7	1	6
6	8	1	5	7	3	9	2	4
1	2	5	3	6	7	4	9	8
3	9	6	2	4	8	5	7	1
4	7	8	1	5	9	2	6	3

315

7	6	8	1	4	5	2	3	9
9	2	5	6	7	3	4	8	1
3	1	4	9	8	2	7	6	5
4	7	9	8	2	1	6	5	3
6	8	1	3	5	7	9	4	2
5	3	2	4	6	9	1	7	8
8	9	7	5	1	6	3	2	4
1	5	6	2	3	4	8	9	7
2	4	3	7	9	8	5	1	6

316

1	2	8	5	4	7	3	9	6
4	6	5	9	8	3	1	7	2
3	9	7	2	6	1	4	5	8
6	4	3	8	1	9	7	2	5
2	7	9	3	5	4	6	8	1
5	8	1	6	7	2	9	3	4
8	1	2	7	9	6	5	4	3
7	3	4	1	2	5	8	6	9
9	5	6	4	3	8	2	1	7

317

7	8	9	1	5	2	6	3	4
3	5	6	4	9	7	1	2	8
2	1	4	3	6	8	9	5	7
6	2	1	8	4	9	5	7	3
4	3	7	2	1	5	8	9	6
5	9	8	7	3	6	4	1	2
1	6	3	9	2	4	7	8	5
9	7	5	6	8	3	2	4	1
8	4	2	5	7	1	3	6	9

318

9	3	2	1	4	7	8	6	5
5	6	1	9	8	3	2	7	4
7	4	8	5	2	6	3	1	9
6	9	3	4	7	1	5	2	8
2	1	5	3	9	8	6	4	7
8	7	4	6	5	2	9	3	1
3	2	7	8	1	5	4	9	6
1	8	9	2	6	4	7	5	3
4	5	6	7	3	9	1	8	2

319

7	1	9	3	4	6	5	8	2
4	3	5	2	1	8	7	6	9
8	2	6	7	5	9	1	3	4
1	9	7	5	8	3	2	4	6
6	4	8	9	7	2	3	1	5
3	5	2	4	6	1	8	9	7
2	8	1	6	9	7	4	5	3
5	6	3	8	2	4	9	7	1
9	7	4	1	3	5	6	2	8

320

1	2	9	8	4	5	7	6	3
5	7	6	3	2	9	1	4	8
3	4	8	7	6	1	9	5	2
7	6	1	9	8	2	4	3	5
2	8	5	4	7	3	6	1	9
9	3	4	5	1	6	8	2	7
6	9	2	1	3	7	5	8	4
4	5	3	6	9	8	2	7	1
8	1	7	2	5	4	3	9	6

321

3	7	6	5	2	4	1	9	8
8	2	4	3	1	9	5	7	6
9	1	5	7	8	6	3	4	2
2	5	8	1	3	7	4	6	9
4	6	1	9	5	8	7	2	3
7	9	3	4	6	2	8	1	5
1	8	9	2	4	5	6	3	7
5	4	7	6	9	3	2	8	1
6	3	2	8	7	1	9	5	4

322

1	6	2	7	5	3	9	4	8
3	4	8	2	9	1	6	7	5
7	5	9	4	8	6	3	2	1
6	2	3	8	1	7	4	5	9
9	8	1	5	2	4	7	6	3
4	7	5	3	6	9	8	1	2
8	1	7	9	4	5	2	3	6
5	9	4	6	3	2	1	8	7
2	3	6	1	7	8	5	9	4

323

1	2	5	3	7	6	9	8	4
3	4	6	9	1	8	2	7	5
7	9	8	5	2	4	1	3	6
6	1	7	4	9	3	5	2	8
2	5	9	8	6	1	7	4	3
4	8	3	2	5	7	6	9	1
8	7	2	6	4	5	3	1	9
5	3	1	7	8	9	4	6	2
9	6	4	1	3	2	8	5	7

324

4	1	3	8	5	2	6	7	9
8	9	5	7	4	6	1	2	3
6	2	7	9	1	3	8	5	4
9	3	4	1	2	5	7	8	6
7	8	1	3	6	9	2	4	5
2	5	6	4	7	8	9	3	1
1	7	8	6	3	4	5	9	2
3	6	2	5	9	7	4	1	8
5	4	9	2	8	1	3	6	7

325

9	6	8	2	4	5	1	3	7
4	3	7	9	1	6	5	2	8
2	1	5	7	8	3	9	6	4
5	8	9	3	7	4	6	1	2
3	2	1	5	6	8	7	4	9
6	7	4	1	9	2	3	8	5
8	9	6	4	5	1	2	7	3
1	5	2	8	3	7	4	9	6
7	4	3	6	2	9	8	5	1

326

5	1	2	9	4	3	6	7	8
7	6	3	2	1	8	5	4	9
4	9	8	6	5	7	2	3	1
1	8	4	7	9	5	3	6	2
9	2	7	8	3	6	4	1	5
6	3	5	1	2	4	8	9	7
2	5	6	4	7	9	1	8	3
8	7	1	3	6	2	9	5	4
3	4	9	5	8	1	7	2	6

327

5	6	1	2	9	4	3	7	8
7	8	2	6	5	3	1	4	9
9	3	4	8	7	1	6	2	5
1	5	9	7	4	6	2	8	3
4	7	6	3	2	8	5	9	1
8	2	3	5	1	9	7	6	4
2	9	8	1	3	7	4	5	6
3	4	7	9	6	5	8	1	2
6	1	5	4	8	2	9	3	7

328

8	7	4	5	9	2	3	1	6
1	3	5	6	4	7	8	9	2
6	9	2	3	8	1	7	5	4
4	8	1	2	6	5	9	3	7
5	2	9	7	3	4	1	6	8
3	6	7	9	1	8	2	4	5
2	1	6	4	7	3	5	8	9
7	4	3	8	5	9	6	2	1
9	5	8	1	2	6	4	7	3

329

7	9	8	2	1	4	6	3	5
3	6	4	7	9	5	8	2	1
2	5	1	6	8	3	4	7	9
1	3	9	4	2	6	5	8	7
5	4	2	3	7	8	9	1	6
6	8	7	1	5	9	3	4	2
8	2	3	5	6	1	7	9	4
4	7	5	9	3	2	1	6	8
9	1	6	8	4	7	2	5	3

330

9	1	7	6	5	8	3	4	2
5	6	3	7	4	2	9	1	8
2	8	4	3	9	1	7	6	5
8	5	9	4	2	7	6	3	1
3	4	2	1	6	5	8	9	7
6	7	1	8	3	9	2	5	4
1	3	8	9	7	4	5	2	6
7	2	6	5	1	3	4	8	9
4	9	5	2	8	6	1	7	3

331

2	4	8	1	3	7	6	5	9
3	5	9	2	6	8	7	4	1
6	1	7	5	4	9	3	8	2
5	6	1	4	9	3	8	2	7
7	2	4	8	5	1	9	6	3
9	8	3	7	2	6	5	1	4
1	7	6	3	8	2	4	9	5
8	3	5	9	1	4	2	7	6
4	9	2	6	7	5	1	3	8

332

8	4	7	5	1	3	6	9	2
1	6	2	4	9	8	7	3	5
5	9	3	6	7	2	8	4	1
7	2	6	1	8	9	3	5	4
3	5	1	7	6	4	9	2	8
4	8	9	2	3	5	1	6	7
2	3	8	9	4	7	5	1	6
6	7	4	3	5	1	2	8	9
9	1	5	8	2	6	4	7	3

333

1	2	7	3	6	9	5	8	4
5	4	6	8	2	7	1	9	3
3	8	9	5	1	4	6	7	2
6	9	1	4	7	8	2	3	5
7	3	8	6	5	2	9	4	1
2	5	4	1	9	3	8	6	7
8	7	2	9	4	5	3	1	6
4	6	3	2	8	1	7	5	9
9	1	5	7	3	6	4	2	8

334

9	5	3	8	6	7	4	1	2
6	2	7	3	1	4	8	9	5
1	8	4	2	9	5	6	7	3
5	1	9	7	2	6	3	8	4
4	3	6	5	8	1	9	2	7
8	7	2	4	3	9	1	5	6
2	4	1	9	5	3	7	6	8
3	6	5	1	7	8	2	4	9
7	9	8	6	4	2	5	3	1

335

6	3	5	2	4	8	1	7	9
1	4	9	5	6	7	8	2	3
2	8	7	9	3	1	5	4	6
3	7	6	8	1	5	4	9	2
8	9	1	4	7	2	6	3	5
4	5	2	3	9	6	7	8	1
7	1	3	6	2	4	9	5	8
5	2	4	1	8	9	3	6	7
9	6	8	7	5	3	2	1	4

336

1	8	2	5	6	9	3	4	7
6	7	3	1	4	8	9	2	5
5	4	9	3	7	2	1	8	6
7	6	5	2	8	3	4	1	9
9	2	8	7	1	4	6	5	3
3	1	4	9	5	6	8	7	2
2	3	1	8	9	7	5	6	4
4	5	7	6	3	1	2	9	8
8	9	6	4	2	5	7	3	1

337

9	7	8	4	3	1	2	5	6
4	1	3	6	2	5	7	9	8
6	5	2	7	9	8	1	3	4
1	8	6	2	5	9	3	4	7
2	4	9	3	7	6	8	1	5
5	3	7	8	1	4	9	6	2
3	6	4	9	8	2	5	7	1
8	9	5	1	6	7	4	2	3
7	2	1	5	4	3	6	8	9

338

3	4	2	1	8	5	9	6	7
7	9	8	2	4	6	1	3	5
5	6	1	7	9	3	2	8	4
6	3	9	4	5	7	8	1	2
4	2	5	9	1	8	6	7	3
8	1	7	3	6	2	5	4	9
2	5	6	8	3	4	7	9	1
1	7	3	6	2	9	4	5	8
9	8	4	5	7	1	3	2	6

339

6	3	5	2	1	9	7	8	4
7	9	8	3	4	5	2	6	1
2	1	4	8	7	6	5	3	9
8	5	9	4	2	3	1	7	6
3	4	2	1	6	7	8	9	5
1	6	7	5	9	8	3	4	2
5	7	6	9	3	2	4	1	8
4	2	3	6	8	1	9	5	7
9	8	1	7	5	4	6	2	3

340

4	8	5	3	6	1	9	2	7
3	1	6	7	2	9	5	4	8
9	7	2	5	8	4	6	3	1
2	3	8	9	7	6	1	5	4
6	5	9	1	4	2	8	7	3
7	4	1	8	5	3	2	9	6
8	6	3	4	9	5	7	1	2
5	2	4	6	1	7	3	8	9
1	9	7	2	3	8	4	6	5

341

5	7	8	9	3	2	6	1	4
9	1	2	6	7	4	3	5	8
6	3	4	1	5	8	7	2	9
4	5	6	2	9	3	8	7	1
7	9	3	5	8	1	4	6	2
8	2	1	4	6	7	5	9	3
2	6	5	8	4	9	1	3	7
3	8	9	7	1	5	2	4	6
1	4	7	3	2	6	9	8	5

342

7	1	5	2	9	6	3	8	4
9	8	2	4	3	7	5	1	6
4	3	6	5	8	1	9	2	7
6	4	1	8	2	9	7	5	3
3	2	9	6	7	5	8	4	1
8	5	7	1	4	3	6	9	2
5	6	8	7	1	2	4	3	9
2	7	3	9	5	4	1	6	8
1	9	4	3	6	8	2	7	5

343

8	4	5	1	3	2	7	6	9
6	3	7	4	9	5	2	8	1
1	9	2	8	6	7	5	3	4
4	2	6	9	8	3	1	5	7
9	8	3	7	5	1	6	4	2
5	7	1	2	4	6	8	9	3
7	5	4	6	1	9	3	2	8
2	6	9	3	7	8	4	1	5
3	1	8	5	2	4	9	7	6

344

7	9	3	1	5	2	8	4	6
4	1	2	6	8	3	9	5	7
6	8	5	4	7	9	1	3	2
3	4	7	8	1	5	6	2	9
5	2	1	9	6	4	3	7	8
8	6	9	2	3	7	5	1	4
1	7	4	5	9	6	2	8	3
2	5	6	3	4	8	7	9	1
9	3	8	7	2	1	4	6	5

345

8	6	9	7	4	1	2	5	3
1	4	2	5	3	9	8	6	7
7	3	5	8	2	6	9	1	4
4	2	3	1	5	8	7	9	6
5	1	7	6	9	2	4	3	8
9	8	6	3	7	4	1	2	5
2	7	4	9	6	3	5	8	1
6	5	1	2	8	7	3	4	9
3	9	8	4	1	5	6	7	2

346

7	9	1	5	2	4	3	8	6
6	2	3	9	8	7	1	5	4
4	8	5	1	3	6	9	7	2
8	7	9	6	4	3	2	1	5
3	5	4	2	7	1	8	6	9
2	1	6	8	9	5	7	4	3
9	4	2	7	5	8	6	3	1
5	6	8	3	1	2	4	9	7
1	3	7	4	6	9	5	2	8

347

s	1	7	5	9	2	6	8	4
9	8	6	4	7	3	2	1	5
5	4	2	1	8	6	3	9	7
1	5	9	6	3	8	7	4	2
6	7	4	2	1	9	8	5	3
8	2	3	7	4	5	9	6	1
7	9	5	8	2	1	4	3	6
2	3	1	9	6	4	5	7	8
4	6	8	3	5	7	1	2	9

348

1	9	4	8	3	6	5	2	7
8	3	7	5	4	2	1	9	6
5	2	6	9	7	1	3	8	4
7	1	3	2	6	4	8	5	9
2	4	9	3	5	8	6	7	1
6	8	5	1	9	7	4	3	2
3	7	8	4	1	9	2	6	5
9	5	1	6	2	3	7	4	8
4	6	2	7	8	5	9	1	3

349

1	2	4	3	7	8	6	5	9
7	5	8	6	2	9	3	4	1
9	3	6	4	1	5	8	7	2
5	4	3	2	8	7	1	9	6
8	9	2	1	6	4	5	3	7
6	7	1	5	9	3	2	8	4
4	1	5	9	3	2	7	6	8
3	6	7	8	4	1	9	2	5
2	8	9	7	5	6	4	1	3

350

6	9	1	2	3	4	7	8	5
3	2	4	7	5	8	1	6	9
8	7	5	9	6	1	3	4	2
4	8	3	6	9	5	2	7	1
7	5	9	1	8	2	4	3	6
1	6	2	4	7	3	9	5	8
2	3	6	5	1	7	8	9	4
5	1	8	3	4	9	6	2	7
9	4	7	8	2	6	5	1	3

351

7	3	4	6	5	1	2	9	8
8	1	5	2	9	7	4	6	3
6	2	9	8	3	4	5	1	7
3	4	8	5	7	6	9	2	1
2	5	7	1	4	9	3	8	6
1	9	6	3	2	8	7	5	4
9	6	3	4	8	5	1	7	2
4	7	1	9	6	2	8	3	5
5	8	2	7	1	3	6	4	9

352

6	9	1	2	7	4	5	8	3
8	7	3	5	1	6	4	2	9
2	4	5	9	8	3	6	1	7
7	5	2	3	4	1	9	6	8
4	3	8	6	2	9	7	5	1
9	1	6	7	5	8	2	3	4
3	2	7	1	9	5	8	4	6
5	6	4	8	3	7	1	9	2
1	8	9	4	6	2	3	7	5

353

9	7	8	3	2	6	5	1	4
5	6	3	4	8	1	9	2	7
1	2	4	9	7	5	3	8	6
6	3	2	5	4	8	7	9	1
4	8	9	7	1	3	2	6	5
7	1	5	6	9	2	8	4	3
3	9	6	2	5	4	1	7	8
2	5	1	8	6	7	4	3	9
8	4	7	1	3	9	6	5	2

354

8	1	5	9	2	4	3	6	7
3	6	2	8	5	7	9	4	1
9	7	4	3	1	6	8	2	5
5	3	1	6	8	2	7	9	4
4	8	7	1	9	3	6	5	2
6	2	9	4	7	5	1	3	8
2	4	8	7	6	9	5	1	3
7	5	6	2	3	1	4	8	9
1	9	3	5	4	8	2	7	6

355

5	4	1	6	7	2	3	8	9
7	6	3	8	9	1	2	4	5
8	2	9	3	5	4	7	1	6
4	3	2	7	1	5	9	6	8
1	8	7	9	6	3	5	2	4
9	5	6	2	4	8	1	3	7
6	1	4	5	2	9	8	7	3
2	9	8	4	3	7	6	5	1
3	7	5	1	8	6	4	9	2

356

1	2	4	6	8	5	3	7	9
6	9	5	2	7	3	1	8	4
7	8	3	9	1	4	6	5	2
8	6	2	7	5	9	4	3	1
5	4	9	1	3	6	7	2	8
3	1	7	8	4	2	9	6	5
2	5	1	3	9	7	8	4	6
9	3	6	4	2	8	5	1	7
4	7	8	5	6	1	2	9	3

357

2	6	8	9	7	4	3	5	1
4	3	1	6	5	8	9	2	7
5	7	9	3	2	1	8	4	6
1	5	2	8	6	3	7	9	4
8	9	6	7	4	5	1	3	2
7	4	3	2	1	9	6	8	5
3	2	7	4	8	6	5	1	9
6	8	5	1	9	2	4	7	3
9	1	4	5	3	7	2	6	8

358

1	8	6	9	7	4	3	2	5
9	2	4	5	8	3	6	7	1
7	3	5	6	2	1	4	9	8
5	1	3	8	4	9	7	6	2
2	6	9	7	3	5	1	8	4
8	4	7	2	1	6	5	3	9
4	5	8	3	6	2	9	1	7
3	7	1	4	9	8	2	5	6
6	9	2	1	5	7	8	4	3

359

8	7	3	2	5	1	9	6	4
6	9	4	3	8	7	2	5	1
2	1	5	9	4	6	7	3	8
4	8	6	1	3	2	5	7	9
1	5	9	7	6	4	8	2	3
7	3	2	8	9	5	4	1	6
9	2	8	5	1	3	6	4	7
3	6	7	4	2	9	1	8	5
5	4	1	6	7	8	3	9	2

360

9	2	1	3	5	6	8	4	7
7	5	4	8	9	2	3	1	6
8	6	3	4	1	7	5	9	2
4	9	8	5	7	3	6	2	1
1	7	2	6	4	8	9	5	3
5	3	6	1	2	9	7	8	4
2	8	7	9	3	4	1	6	5
6	4	5	7	8	1	2	3	9
3	1	9	2	6	5	4	7	8

361

1	2	3	8	7	9	4	5	6
9	5	6	4	1	2	3	7	8
8	4	7	3	5	6	9	1	2
6	1	4	9	2	8	5	3	7
7	8	2	1	3	5	6	4	9
3	9	5	7	6	4	2	8	1
5	6	8	2	4	1	7	9	3
2	3	9	5	8	7	1	6	4
4	7	1	6	9	3	8	2	5

362

3	7	9	6	4	8	1	2	5
5	8	2	1	3	9	6	7	4
1	6	4	2	5	7	8	3	9
6	1	3	4	2	5	7	9	8
4	9	7	8	1	3	2	5	6
8	2	5	7	9	6	3	4	1
2	4	8	9	7	1	5	6	3
7	3	6	5	8	4	9	1	2
9	5	1	3	6	2	4	8	7

363

1	4	6	2	7	3	8	9	5
8	3	5	6	4	9	1	7	2
7	2	9	8	5	1	4	3	6
6	5	8	1	3	4	9	2	7
3	9	7	5	8	2	6	4	1
2	1	4	9	6	7	3	5	8
9	7	1	4	2	8	5	6	3
4	6	3	7	1	5	2	8	9
5	8	2	3	9	6	7	1	4

364

9	4	5	2	3	6	7	1	8
6	8	3	4	7	1	5	9	2
7	1	2	9	8	5	3	4	6
8	3	6	1	9	7	2	5	4
1	9	7	5	4	2	8	6	3
2	5	4	3	6	8	9	7	1
5	7	1	8	2	4	6	3	9
4	2	9	6	5	3	1	8	7
3	6	8	7	1	9	4	2	5

365

5	8	1	3	9	7	4	6	2
9	7	4	6	1	2	5	3	8
3	2	6	4	8	5	7	9	1
8	9	3	5	4	1	6	2	7
7	4	2	8	6	3	9	1	5
6	1	5	7	2	9	8	4	3
4	5	9	1	3	8	2	7	6
2	3	7	9	5	6	1	8	4
1	6	8	2	7	4	3	5	9

366

1	7	8	5	3	4	6	9	2
9	6	3	2	8	1	7	4	5
4	2	5	7	9	6	3	8	1
2	9	4	6	7	8	5	1	3
8	5	7	3	1	2	4	6	9
6	3	1	9	4	5	2	7	8
3	4	6	1	2	9	8	5	7
7	8	9	4	5	3	1	2	6
5	1	2	8	6	7	9	3	4

367

8	1	9	3	6	4	7	2	5
4	2	5	8	9	7	1	3	6
6	7	3	5	2	1	4	8	9
9	6	2	4	1	8	5	7	3
7	3	1	9	5	6	2	4	8
5	4	8	7	3	2	9	6	1
3	9	7	6	4	5	8	1	2
1	5	4	2	8	3	6	9	7
2	8	6	1	7	9	3	5	4

368

2	7	6	9	8	1	3	5	4
4	8	3	7	5	2	1	9	6
5	9	1	4	3	6	2	7	8
7	6	2	5	1	9	4	8	3
8	3	4	6	2	7	5	1	9
1	5	9	8	4	3	7	6	2
3	2	8	1	6	5	9	4	7
9	4	5	2	7	8	6	3	1
6	1	7	3	9	4	8	2	5

369

2	6	9	5	7	8	1	3	4
5	3	7	1	4	6	8	9	2
8	4	1	9	2	3	6	5	7
7	1	3	2	6	4	9	8	5
4	2	5	3	8	9	7	6	1
6	9	8	7	5	1	2	4	3
9	5	2	8	3	7	4	1	6
1	7	6	4	9	5	3	2	8
3	8	4	6	1	2	5	7	9

370

9	1	3	4	6	8	7	2	5
4	2	6	7	5	1	9	8	3
7	5	8	9	3	2	6	4	1
1	7	5	8	4	6	3	9	2
2	3	4	1	7	9	8	5	6
6	8	9	3	2	5	1	7	4
3	6	7	5	8	4	2	1	9
5	9	2	6	1	7	4	3	8
8	4	1	2	9	3	5	6	7

371

1	9	3	7	4	8	2	5	6
6	7	8	2	5	1	9	3	4
2	4	5	9	6	3	8	7	1
7	3	2	1	9	6	4	8	5
9	6	4	5	8	2	7	1	3
5	8	1	4	3	7	6	2	9
4	1	7	6	2	5	3	9	8
3	2	6	8	1	9	5	4	7
8	5	9	3	7	4	1	6	2

372

1	4	5	9	6	7	2	3	8
7	3	9	8	5	2	6	1	4
8	2	6	3	4	1	9	5	7
3	9	7	2	1	8	4	6	5
6	5	1	4	3	9	7	8	2
2	8	4	5	7	6	3	9	1
4	6	2	1	8	3	5	7	9
5	1	3	7	9	4	8	2	6
9	7	8	6	2	5	1	4	3

373

8	3	4	9	2	5	6	7	1
7	5	9	4	1	6	2	3	8
6	2	1	3	7	8	4	9	5
4	1	6	5	9	2	7	8	3
2	9	8	7	6	3	1	5	4
3	7	5	1	8	4	9	2	6
1	4	3	2	5	7	8	6	9
5	6	7	8	4	9	3	1	2
9	8	2	6	3	1	5	4	7

374

8	9	3	7	1	6	5	2	4
7	6	4	2	9	5	1	8	3
2	5	1	4	8	3	9	7	6
4	3	7	1	6	9	2	5	8
1	8	5	3	7	2	4	6	9
9	2	6	8	5	4	3	1	7
6	7	2	9	3	1	8	4	5
3	4	8	5	2	7	6	9	1
5	1	9	6	4	8	7	3	2

375

9	3	5	2	4	7	8	1	6
2	6	7	3	1	8	5	9	4
4	8	1	9	5	6	2	3	7
3	9	4	8	7	5	6	2	1
1	2	8	6	9	3	7	4	5
7	5	6	1	2	4	3	8	9
5	1	2	7	8	9	4	6	3
6	7	9	4	3	2	1	5	8
8	4	3	5	6	1	9	7	2

376

1	7	6	4	9	5	2	3	8
3	5	8	1	6	2	7	4	9
2	4	9	8	7	3	5	1	6
5	1	4	6	3	9	8	7	2
9	8	7	5	2	4	1	6	3
6	2	3	7	1	8	4	9	5
8	9	2	3	4	1	6	5	7
7	3	1	2	5	6	9	8	4
4	6	5	9	8	7	3	2	1

377

1	7	4	3	5	8	2	6	9
3	6	8	2	9	7	4	5	1
2	5	9	6	1	4	8	7	3
9	2	5	8	6	3	7	1	4
4	3	7	1	2	9	6	8	5
8	1	6	7	4	5	3	9	2
5	4	3	9	7	6	1	2	8
6	9	2	4	8	1	5	3	7
7	8	1	5	3	2	9	4	6

378

1	3	7	2	5	8	4	6	9
8	5	2	9	6	4	1	3	7
4	9	6	3	7	1	5	2	8
6	2	1	4	8	3	7	9	5
3	7	8	6	9	5	2	1	4
9	4	5	1	2	7	6	8	3
5	8	3	7	1	6	9	4	2
2	6	4	5	3	9	8	7	1
7	1	9	8	4	2	3	5	6

379

8	9	4	2	3	6	1	7	5
6	5	1	8	4	7	3	2	9
7	2	3	5	1	9	8	4	6
9	1	2	4	6	8	5	3	7
4	7	6	3	5	2	9	1	8
5	3	8	9	7	1	4	6	2
3	6	7	1	9	5	2	8	4
1	8	5	6	2	4	7	9	3
2	4	9	7	8	3	6	5	1

380

9	1	4	6	8	2	5	7	3
3	6	5	1	9	7	2	8	4
2	8	7	4	3	5	6	1	9
4	5	1	2	7	3	8	9	6
6	7	2	8	4	9	3	5	1
8	3	9	5	1	6	4	2	7
1	2	3	7	6	8	9	4	5
5	4	6	9	2	1	7	3	8
7	9	8	3	5	4	1	6	2

381

7	2	5	9	8	6	3	4	1
9	4	1	3	5	2	8	7	6
3	6	8	1	7	4	5	2	9
6	3	7	2	4	1	9	5	8
8	5	2	7	3	9	1	6	4
4	1	9	5	6	8	2	3	7
5	9	4	8	2	7	6	1	3
1	7	3	6	9	5	4	8	2
2	8	6	4	1	3	7	9	5

382

1	4	2	8	5	3	9	7	6
6	3	5	9	7	1	2	4	8
7	9	8	2	4	6	5	1	3
4	8	1	7	6	2	3	9	5
3	7	6	5	9	4	1	8	2
5	2	9	1	3	8	4	6	7
2	6	3	4	8	9	7	5	1
9	1	7	6	2	5	8	3	4
8	5	4	3	1	7	6	2	9

383

9	4	3	6	7	8	1	2	5
2	6	1	9	5	4	7	3	8
8	7	5	3	2	1	9	4	6
3	1	8	7	9	6	4	5	2
7	9	4	2	8	5	3	6	1
6	5	2	1	4	3	8	9	7
4	3	7	8	6	2	5	1	9
1	8	6	5	3	9	2	7	4
5	2	9	4	1	7	6	8	3

384

4	6	3	9	7	8	5	2	1
8	9	1	6	5	2	3	4	7
2	7	5	4	3	1	6	8	9
6	8	4	7	1	3	2	9	5
1	5	9	2	4	6	8	7	3
3	2	7	8	9	5	1	6	4
5	4	2	1	6	7	9	3	8
7	3	8	5	2	9	4	1	6
9	1	6	3	8	4	7	5	2

385

2	4	9	5	1	8	6	7	3
3	8	5	6	7	9	1	4	2
7	6	1	2	3	4	9	8	5
9	2	4	8	5	6	3	1	7
5	7	6	3	9	1	4	2	8
8	1	3	7	4	2	5	9	6
6	9	7	4	8	5	2	3	1
1	5	8	9	2	3	7	6	4
4	3	2	1	6	7	8	5	9

386

5	1	9	4	2	8	6	3	7
6	8	3	5	7	1	9	4	2
7	4	2	9	6	3	1	8	5
9	2	6	8	3	7	5	1	4
4	5	7	6	1	9	3	2	8
8	3	1	2	4	5	7	9	6
1	7	8	3	5	2	4	6	9
2	6	5	1	9	4	8	7	3
3	9	4	7	8	6	2	5	1

387

5	1	7	9	3	6	2	4	8
8	3	2	7	4	5	6	9	1
9	6	4	8	2	1	7	3	5
6	7	1	5	9	3	4	8	2
3	5	8	2	7	4	1	6	9
2	4	9	1	6	8	5	7	3
4	8	6	3	1	2	9	5	7
7	2	3	4	5	9	8	1	6
1	9	5	6	8	7	3	2	4

388

1	2	4	6	3	5	7	8	9
8	5	7	9	2	1	3	4	6
3	9	6	8	4	7	1	2	5
9	1	3	7	5	4	2	6	8
2	7	8	3	9	6	5	1	4
4	6	5	1	8	2	9	7	3
7	3	1	4	6	9	8	5	2
5	4	9	2	7	8	6	3	1
6	8	2	5	1	3	4	9	7

389

6	7	2	3	4	8	9	1	5
5	4	9	1	6	2	3	8	7
8	1	3	7	5	9	6	2	4
3	8	4	9	2	6	7	5	1
1	2	6	5	7	4	8	3	9
9	5	7	8	3	1	4	6	2
2	6	8	4	1	7	5	9	3
4	9	5	2	8	3	1	7	6
7	3	1	6	9	5	2	4	8

390

4	3	6	2	5	9	1	8	7
5	7	1	6	8	4	3	2	9
9	8	2	1	3	7	5	6	4
6	9	5	8	4	1	2	7	3
2	1	3	9	7	5	6	4	8
8	4	7	3	2	6	9	1	5
3	6	4	5	1	8	7	9	2
7	2	9	4	6	3	8	5	1
1	5	8	7	9	2	4	3	6

391

4	3	2	6	1	9	5	7	8
8	1	6	7	5	4	2	9	3
9	5	7	3	2	8	4	6	1
1	7	8	5	9	2	6	3	4
3	4	9	8	6	1	7	5	2
2	6	5	4	7	3	8	1	9
6	8	3	1	4	7	9	2	5
5	9	4	2	3	6	1	8	7
7	2	1	9	8	5	3	4	6

392

6	4	1	3	5	2	8	9	7
9	5	2	4	8	7	1	6	3
3	7	8	1	6	9	5	2	4
5	9	3	2	1	4	7	8	6
1	6	7	5	3	8	9	4	2
2	8	4	7	9	6	3	1	5
4	1	6	9	7	5	2	3	8
8	3	5	6	2	1	4	7	9
7	2	9	8	4	3	6	5	1

393

4	3	5	7	8	9	6	2	1
7	2	8	5	1	6	4	9	3
9	6	1	3	4	2	8	7	5
1	5	6	8	2	4	7	3	9
2	9	3	6	7	1	5	8	4
8	4	7	9	3	5	1	6	2
6	7	4	2	5	3	9	1	8
3	1	9	4	6	8	2	5	7
5	8	2	1	9	7	3	4	6

394

5	8	4	2	9	6	1	3	7
9	7	2	3	5	1	8	6	4
6	3	1	4	8	7	2	5	9
3	2	6	8	7	5	9	4	1
4	9	7	1	6	2	5	8	3
8	1	5	9	4	3	6	7	2
1	5	3	7	2	8	4	9	6
2	4	8	6	3	9	7	1	5
7	6	9	5	1	4	3	2	8

395

4	9	6	8	5	7	1	2	3
7	5	2	1	6	3	9	4	8
1	8	3	9	4	2	5	6	7
3	2	9	4	7	1	8	5	6
5	6	4	3	9	8	2	7	1
8	1	7	5	2	6	4	3	9
6	4	5	7	1	9	3	8	2
2	3	1	6	8	4	7	9	5
9	7	8	2	3	5	6	1	4

396

9	2	3	4	1	8	5	7	6
1	7	8	6	5	3	9	4	2
4	6	5	7	2	9	8	3	1
6	1	4	5	7	2	3	8	9
7	5	9	3	8	1	6	2	4
3	8	2	9	6	4	1	5	7
8	9	7	1	4	5	2	6	3
2	3	6	8	9	7	4	1	5
5	4	1	2	3	6	7	9	8

397

8	4	9	5	6	3	1	7	2
1	2	3	9	7	8	5	4	6
5	7	6	1	2	4	8	3	9
3	9	8	6	4	7	2	1	5
7	1	2	8	3	5	9	6	4
4	6	5	2	9	1	7	8	3
9	5	4	7	1	6	3	2	8
2	3	1	4	8	9	6	5	7
6	8	7	3	5	2	4	9	1

398

5	4	2	3	8	1	7	6	9
9	3	6	7	2	4	5	1	8
7	8	1	9	6	5	2	3	4
4	2	3	5	7	9	1	8	6
1	6	5	8	3	2	9	4	7
8	7	9	1	4	6	3	2	5
2	1	8	6	9	7	4	5	3
3	9	4	2	5	8	6	7	1
6	5	7	4	1	3	8	9	2

399

7	3	8	9	5	6	2	4	1
2	6	4	1	3	7	5	8	9
9	1	5	4	8	2	6	7	3
5	2	3	7	6	8	9	1	4
6	4	9	5	1	3	8	2	7
8	7	1	2	4	9	3	6	5
4	8	6	3	9	1	7	5	2
3	5	2	8	7	4	1	9	6
1	9	7	6	2	5	4	3	8

400

8	9	1	3	6	7	5	4	2
6	2	3	4	5	9	8	1	7
4	5	7	1	2	8	3	6	9
9	4	6	5	7	2	1	8	3
7	1	2	6	8	3	9	5	4
3	8	5	9	1	4	2	7	6
5	3	8	7	9	6	4	2	1
2	6	4	8	3	1	7	9	5
1	7	9	2	4	5	6	3	8

401

9	3	4	8	7	1	6	2	5
7	8	2	3	5	6	4	9	1
6	5	1	4	9	2	8	7	3
3	7	8	6	1	9	5	4	2
1	4	5	2	8	3	9	6	7
2	6	9	5	4	7	3	1	8
4	9	3	7	2	8	1	5	6
5	2	6	1	3	4	7	8	9
8	1	7	9	6	5	2	3	4

402

7	4	8	1	2	6	9	3	5
2	1	9	7	5	3	4	8	6
3	5	6	9	8	4	2	1	7
9	3	5	4	7	2	8	6	1
8	6	4	3	1	9	7	5	2
1	2	7	8	6	5	3	4	9
5	7	2	6	4	8	1	9	3
4	9	1	5	3	7	6	2	8
6	8	3	2	9	1	5	7	4

403

1	2	9	6	8	4	5	7	3
5	6	3	7	2	9	8	4	1
8	7	4	5	1	3	9	2	6
3	8	1	2	4	5	7	6	9
6	9	2	8	7	1	4	3	5
7	4	5	9	3	6	1	8	2
4	3	6	1	5	8	2	9	7
2	1	8	3	9	7	6	5	4
9	5	7	4	6	2	3	1	8

404

6	8	1	7	3	9	5	4	2
7	9	2	1	5	4	3	6	8
4	3	5	8	6	2	1	9	7
2	5	4	9	8	1	6	7	3
8	1	3	6	7	5	4	2	9
9	6	7	2	4	3	8	5	1
1	4	8	5	2	7	9	3	6
3	2	6	4	9	8	7	1	5
5	7	9	3	1	6	2	8	4

405

4	7	1	2	5	6	9	3	8
2	5	9	3	7	8	1	4	6
6	8	3	9	4	1	2	5	7
1	6	5	4	3	7	8	2	9
8	3	4	1	2	9	6	7	5
7	9	2	6	8	5	4	1	3
5	4	8	7	9	2	3	6	1
9	2	6	5	1	3	7	8	4
3	1	7	8	6	4	5	9	2

406

1	6	7	2	9	8	5	3	4
4	5	2	3	6	7	8	1	9
9	8	3	4	1	5	2	7	6
5	3	1	9	2	6	4	8	7
7	2	9	8	4	3	6	5	1
6	4	8	7	5	1	9	2	3
2	7	6	5	3	9	1	4	8
3	9	5	1	8	4	7	6	2
8	1	4	6	7	2	3	9	5

407

8	4	3	7	6	1	5	2	9
9	1	7	2	4	5	8	6	3
5	2	6	9	8	3	1	7	4
6	5	8	1	9	4	2	3	7
1	7	9	8	3	2	4	5	6
4	3	2	6	5	7	9	8	1
3	6	1	4	2	8	7	9	5
2	9	4	5	7	6	3	1	8
7	8	5	3	1	9	6	4	2

408

3	4	7	6	1	9	8	2	5
8	1	9	5	7	2	6	3	4
5	2	6	3	8	4	1	7	9
7	9	1	8	2	5	3	4	6
6	3	5	9	4	1	7	8	2
4	8	2	7	3	6	5	9	1
2	5	8	4	6	7	9	1	3
9	7	4	1	5	3	2	6	8
1	6	3	2	9	8	4	5	7

409

3	7	8	5	6	2	4	9	1
4	2	5	9	1	8	6	3	7
1	6	9	4	3	7	5	2	8
8	1	3	7	5	6	2	4	9
9	4	7	3	2	1	8	6	5
6	5	2	8	9	4	1	7	3
2	8	6	1	7	9	3	5	4
7	3	4	2	8	5	9	1	6
5	9	1	6	4	3	7	8	2

410

8	3	1	9	7	6	2	4	5
2	9	5	8	1	4	3	6	7
7	4	6	3	5	2	1	9	8
6	5	3	1	8	9	7	2	4
4	8	2	5	6	7	9	3	1
1	7	9	2	4	3	5	8	6
5	2	4	7	9	8	6	1	3
3	6	7	4	2	1	8	5	9
9	1	8	6	3	5	4	7	2

411

6	9	8	5	3	7	4	2	1
2	1	3	8	4	9	5	6	7
5	4	7	6	1	2	9	3	8
3	7	1	9	8	6	2	5	4
4	2	6	1	7	5	3	8	9
9	8	5	4	2	3	7	1	6
7	6	9	3	5	1	8	4	2
8	3	2	7	6	4	1	9	5
1	5	4	2	9	8	6	7	3

412

3	2	6	4	1	9	7	8	5
9	8	7	6	5	2	1	4	3
4	5	1	8	7	3	2	6	9
5	9	8	1	4	6	3	7	2
2	6	4	3	9	7	8	5	1
7	1	3	2	8	5	4	9	6
6	7	2	5	3	4	9	1	8
8	4	5	9	2	1	6	3	7
1	3	9	7	6	8	5	2	4

413

3	7	8	6	9	5	2	1	4
4	9	2	3	7	1	6	5	8
6	1	5	2	4	8	9	7	3
8	6	3	1	5	4	7	2	9
9	4	1	7	6	2	8	3	5
2	5	7	9	8	3	1	4	6
7	3	9	4	1	6	5	8	2
1	8	4	5	2	9	3	6	7
5	2	6	8	3	7	4	9	1

414

5	4	6	8	7	3	9	2	1
9	2	3	1	5	4	8	7	6
8	1	7	6	9	2	5	4	3
3	7	5	4	8	1	2	6	9
1	6	2	7	3	9	4	5	8
4	9	8	5	2	6	3	1	7
6	5	4	3	1	8	7	9	2
2	8	1	9	4	7	6	3	5
7	3	9	2	6	5	1	8	4

415

6	5	3	9	2	7	1	8	4
1	4	2	3	8	6	5	9	7
9	7	8	1	5	4	3	6	2
7	1	4	2	3	8	9	5	6
2	8	9	4	6	5	7	1	3
5	3	6	7	9	1	4	2	8
3	2	7	8	1	9	6	4	5
8	9	5	6	4	3	2	7	1
4	6	1	5	7	2	8	3	9

416

2	3	4	6	8	5	9	1	7
8	1	7	4	9	3	6	5	2
6	9	5	7	1	2	3	4	8
9	5	1	2	4	8	7	3	6
7	2	8	5	3	6	1	9	4
4	6	3	1	7	9	2	8	5
1	7	6	9	5	4	8	2	3
5	8	9	3	2	7	4	6	1
3	4	2	8	6	1	5	7	9

417

7	2	4	6	9	8	1	5	3
5	6	1	3	7	2	8	9	4
9	3	8	4	1	5	6	7	2
3	7	6	9	4	1	2	8	5
4	8	2	7	5	6	3	1	9
1	5	9	8	2	3	7	4	6
2	4	7	1	3	9	5	6	8
8	9	5	2	6	7	4	3	1
6	1	3	5	8	4	9	2	7

418

2	9	4	8	5	3	1	7	6
5	6	3	1	7	2	8	4	9
8	7	1	4	6	9	2	5	3
3	4	5	9	8	1	6	2	7
7	1	6	3	2	5	4	9	8
9	2	8	6	4	7	3	1	5
1	5	7	2	3	8	9	6	4
6	3	2	7	9	4	5	8	1
4	8	9	5	1	6	7	3	2

419

3	4	6	8	1	5	2	7	9
5	8	2	7	6	9	4	3	1
7	1	9	4	3	2	8	6	5
9	2	3	5	4	1	7	8	6
1	5	7	6	2	8	3	9	4
4	6	8	9	7	3	1	5	2
8	3	5	1	9	4	6	2	7
2	7	1	3	5	6	9	4	8
6	9	4	2	8	7	5	1	3

420

1	4	5	2	6	8	9	3	7
6	2	9	7	3	1	5	8	4
7	3	8	4	9	5	6	1	2
9	6	1	8	2	3	7	4	5
8	5	4	6	7	9	3	2	1
2	7	3	1	5	4	8	9	6
5	8	7	9	4	2	1	6	3
4	9	6	3	1	7	2	5	8
3	1	2	5	8	6	4	7	9

421

9	6	5	3	2	7	1	8	4
2	1	3	4	8	9	5	6	7
4	7	8	6	5	1	2	3	9
1	9	6	2	3	4	8	7	5
3	8	7	1	9	5	4	2	6
5	2	4	7	6	8	9	1	3
6	3	9	5	1	2	7	4	8
7	5	2	8	4	3	6	9	1
8	4	1	9	7	6	3	5	2

422

1	5	9	6	4	2	3	8	7
7	4	2	3	9	8	6	5	1
3	6	8	5	1	7	9	2	4
4	8	7	2	3	1	5	6	9
5	9	6	7	8	4	2	1	3
2	3	1	9	6	5	4	7	8
6	1	4	8	2	9	7	3	5
8	7	3	4	5	6	1	9	2
9	2	5	1	7	3	8	4	6

423

3	9	4	6	8	5	7	1	2
5	6	7	1	2	9	4	8	3
8	1	2	4	7	3	9	5	6
6	5	1	8	9	4	2	3	7
4	7	8	3	5	2	1	6	9
9	2	3	7	1	6	8	4	5
2	3	9	5	4	1	6	7	8
7	4	5	9	6	8	3	2	1
1	8	6	2	3	7	5	9	4

424

8	2	6	7	3	1	4	5	9
4	1	9	5	2	8	3	7	6
7	3	5	9	6	4	2	8	1
6	9	1	4	8	3	7	2	5
3	7	2	1	5	6	8	9	4
5	4	8	2	9	7	1	6	3
9	5	4	8	1	2	6	3	7
1	8	3	6	7	5	9	4	2
2	6	7	3	4	9	5	1	8

425

2	4	6	3	5	9	8	7	1
7	3	8	1	4	6	2	5	9
5	9	1	2	8	7	4	3	6
8	1	3	6	2	4	5	9	7
4	5	7	9	3	8	1	6	2
9	6	2	7	1	5	3	4	8
3	7	5	8	6	2	9	1	4
1	8	9	4	7	3	6	2	5
6	2	4	5	9	1	7	8	3

426

1	3	8	5	7	9	4	6	2
4	2	9	8	6	1	3	5	7
5	7	6	4	3	2	1	9	8
2	9	1	3	4	5	8	7	6
8	4	5	7	2	6	9	1	3
7	6	3	1	9	8	2	4	5
3	8	7	9	5	4	6	2	1
9	5	2	6	1	3	7	8	4
6	1	4	2	8	7	5	3	9

427

6	8	9	1	5	4	7	2	3
3	2	4	8	7	9	5	6	1
1	7	5	3	2	6	4	9	8
4	5	2	9	3	8	1	7	6
8	6	3	4	1	7	2	5	9
9	1	7	2	6	5	8	3	4
5	3	1	6	8	2	9	4	7
2	9	6	7	4	1	3	8	5
7	4	8	5	9	3	6	1	2

428

1	5	9	8	2	7	6	4	3
2	3	6	9	4	5	8	7	1
8	4	7	3	1	6	9	2	5
6	7	4	1	3	9	5	8	2
5	9	8	2	7	4	1	3	6
3	2	1	6	5	8	7	9	4
4	8	3	7	6	1	2	5	9
9	6	2	5	8	3	4	1	7
7	1	5	4	9	2	3	6	8

429

2	8	3	4	9	5	7	6	1
7	6	9	2	1	3	4	5	8
4	1	5	7	8	6	9	3	2
6	9	8	5	4	2	3	1	7
3	7	4	9	6	1	2	8	5
1	5	2	8	3	7	6	9	4
9	2	7	3	5	8	1	4	6
8	3	1	6	2	4	5	7	9
5	4	6	1	7	9	8	2	3

430

8	5	3	9	2	4	6	7	1
4	2	7	3	1	6	8	5	9
1	9	6	7	8	5	4	3	2
6	8	1	4	3	7	9	2	5
5	7	9	2	6	8	1	4	3
2	3	4	1	5	9	7	8	6
7	6	5	8	9	3	2	1	4
9	4	2	5	7	1	3	6	8
3	1	8	6	4	2	5	9	7

431

2	7	1	9	6	3	5	4	8
5	4	8	2	1	7	3	9	6
9	6	3	8	5	4	7	2	1
3	1	5	4	7	2	8	6	9
4	8	9	1	3	6	2	7	5
7	2	6	5	8	9	4	1	3
1	3	2	7	9	8	6	5	4
6	5	4	3	2	1	9	8	7
8	9	7	6	4	5	1	3	2

432

4	2	3	7	1	6	8	9	5
8	1	7	5	9	4	3	6	2
5	6	9	2	8	3	1	4	7
9	8	5	6	3	2	4	7	1
1	3	2	4	7	9	6	5	8
7	4	6	8	5	1	9	2	3
2	5	1	9	4	8	7	3	6
6	9	8	3	2	7	5	1	4
3	7	4	1	6	5	2	8	9

433

1	5	7	8	3	4	6	9	2
9	6	4	2	5	1	3	8	7
8	3	2	6	7	9	4	5	1
6	1	9	5	4	7	8	2	3
5	7	3	9	8	2	1	6	4
4	2	8	1	6	3	5	7	9
7	4	6	3	9	5	2	1	8
2	9	5	4	1	8	7	3	6
3	8	1	7	2	6	9	4	5

434

6	2	5	1	9	7	3	4	8
1	7	4	6	8	3	2	5	9
3	8	9	5	2	4	1	6	7
7	3	1	2	5	8	6	9	4
2	4	6	7	1	9	5	8	3
5	9	8	4	3	6	7	2	1
4	6	2	9	7	1	8	3	5
8	5	7	3	4	2	9	1	6
9	1	3	8	6	5	4	7	2

435

1	4	8	6	3	5	9	7	2
9	3	2	7	1	4	6	5	8
5	7	6	8	9	2	1	3	4
2	8	7	9	4	6	3	1	5
3	5	9	1	2	8	4	6	7
6	1	4	3	5	7	2	8	9
7	9	5	2	6	3	8	4	1
4	6	1	5	8	9	7	2	3
8	2	3	4	7	1	5	9	6

436

3	4	2	9	5	6	8	1	7
8	9	7	4	2	1	3	5	6
5	6	1	7	3	8	4	9	2
9	2	3	5	8	7	1	6	4
1	8	6	2	4	9	5	7	3
7	5	4	6	1	3	9	2	8
2	7	5	8	9	4	6	3	1
4	3	9	1	6	2	7	8	5
6	1	8	3	7	5	2	4	9

437

9	2	4	5	1	8	6	7	3
8	3	7	4	6	2	9	1	5
6	5	1	9	7	3	2	4	8
2	9	8	1	3	4	7	5	6
4	1	6	2	5	7	3	8	9
3	7	5	6	8	9	1	2	4
5	6	3	8	2	1	4	9	7
7	4	2	3	9	5	8	6	1
1	8	9	7	4	6	5	3	2

438

3	1	9	6	5	7	2	4	8
5	6	2	4	8	3	7	9	1
8	4	7	1	2	9	6	3	5
2	3	4	5	7	6	8	1	9
7	8	1	9	3	4	5	2	6
9	5	6	8	1	2	3	7	4
4	7	8	2	9	5	1	6	3
6	2	5	3	4	1	9	8	7
1	9	3	7	6	8	4	5	2

439

3	1	6	9	2	5	7	8	4
4	7	5	1	3	8	2	9	6
8	2	9	4	7	6	3	1	5
1	8	2	5	6	7	4	3	9
6	3	7	2	9	4	8	5	1
5	9	4	8	1	3	6	7	2
7	6	1	3	4	9	5	2	8
2	4	8	7	5	1	9	6	3
9	5	3	6	8	2	1	4	7

440

1	5	6	3	2	4	9	7	8
9	4	8	6	1	7	3	5	2
7	2	3	9	5	8	1	6	4
6	8	5	2	7	1	4	9	3
4	7	1	5	3	9	2	8	6
3	9	2	8	4	6	7	1	5
5	6	4	7	9	3	8	2	1
2	3	9	1	8	5	6	4	7
8	1	7	4	6	2	5	3	9

441

8	3	6	5	1	4	9	7	2
2	4	7	3	8	9	1	5	6
1	5	9	7	2	6	3	4	8
9	2	4	6	5	7	8	3	1
6	1	3	8	4	2	7	9	5
5	7	8	9	3	1	2	6	4
7	9	2	4	6	8	5	1	3
4	8	5	1	9	3	6	2	7
3	6	1	2	7	5	4	8	9

442

2	1	4	5	6	7	8	3	9
7	8	9	3	1	2	4	5	6
6	3	5	4	8	9	1	7	2
4	2	8	1	9	5	3	6	7
5	9	6	8	7	3	2	4	1
1	7	3	2	4	6	5	9	8
9	4	2	7	5	8	6	1	3
8	6	1	9	3	4	7	2	5
3	5	7	6	2	1	9	8	4

443

8	7	5	6	1	9	4	2	3
3	4	9	5	2	8	6	7	1
1	2	6	3	4	7	5	8	9
2	1	8	7	3	6	9	4	5
5	6	7	9	8	4	3	1	2
4	9	3	2	5	1	7	6	8
7	3	2	1	6	5	8	9	4
6	8	1	4	9	3	2	5	7
9	5	4	8	7	2	1	3	6

444

5	7	1	6	2	9	4	8	3
9	4	8	5	3	1	2	7	6
2	3	6	8	7	4	1	9	5
3	8	2	7	1	5	6	4	9
1	6	5	9	4	8	7	3	2
7	9	4	3	6	2	8	5	1
6	1	3	4	5	7	9	2	8
8	5	7	2	9	6	3	1	4
4	2	9	1	8	3	5	6	7

445

4	1	6	8	2	3	9	7	5
8	5	9	4	1	7	3	6	2
2	7	3	5	9	6	4	1	8
1	8	2	7	5	4	6	9	3
9	6	4	3	8	2	7	5	1
5	3	7	1	6	9	2	8	4
7	9	5	2	3	1	8	4	6
6	2	8	9	4	5	1	3	7
3	4	1	6	7	8	5	2	9

446

5	4	9	7	3	6	2	8	1
2	3	7	8	1	5	6	9	4
6	8	1	9	2	4	5	3	7
8	5	2	6	9	1	4	7	3
9	1	4	3	5	7	8	6	2
7	6	3	4	8	2	1	5	9
3	7	5	1	4	8	9	2	6
4	9	8	2	6	3	7	1	5
1	2	6	5	7	9	3	4	8

447

2	8	7	5	9	4	3	1	6
3	5	6	7	1	8	9	2	4
9	4	1	2	6	3	8	5	7
1	7	4	8	2	5	6	3	9
6	3	2	4	7	9	5	8	1
5	9	8	1	3	6	4	7	2
7	6	9	3	5	1	2	4	8
8	2	3	9	4	7	1	6	5
4	1	5	6	8	2	7	9	3

448

8	4	7	1	9	5	2	6	3
3	2	9	6	4	7	5	1	8
1	5	6	2	8	3	7	4	9
4	7	8	3	5	1	6	9	2
2	6	1	9	7	8	3	5	4
9	3	5	4	6	2	1	8	7
7	8	4	5	2	6	9	3	1
6	9	3	7	1	4	8	2	5
5	1	2	8	3	9	4	7	6

449

7	4	1	8	3	6	5	9	2
6	5	3	9	2	7	1	8	4
2	8	9	1	5	4	3	7	6
9	1	4	2	6	5	8	3	7
5	2	8	7	1	3	6	4	9
3	6	7	4	8	9	2	5	1
4	3	6	5	9	2	7	1	8
1	9	5	6	7	8	4	2	3
8	7	2	3	4	1	9	6	5

450

8	9	7	6	1	4	3	2	5
1	2	6	5	9	3	7	4	8
3	5	4	7	8	2	1	6	9
7	8	9	4	5	1	2	3	6
4	3	1	9	2	6	5	8	7
2	6	5	3	7	8	9	1	4
9	1	3	8	6	7	4	5	2
6	7	2	1	4	5	8	9	3
5	4	8	2	3	9	6	7	1

451

9	5	6	2	4	3	7	1	8
7	2	1	5	8	6	9	4	3
4	8	3	1	9	7	2	6	5
6	9	5	8	3	1	4	7	2
3	1	7	4	2	5	8	9	6
8	4	2	6	7	9	3	5	1
1	7	9	3	5	2	6	8	4
2	6	4	9	1	8	5	3	7
5	3	8	7	6	4	1	2	9

452

5	9	1	2	6	4	3	7	8
7	2	8	5	9	3	1	6	4
6	3	4	8	1	7	5	2	9
8	5	2	7	3	6	9	4	1
4	7	3	9	8	1	6	5	2
1	6	9	4	5	2	8	3	7
9	8	7	6	4	5	2	1	3
2	1	5	3	7	9	4	8	6
3	4	6	1	2	8	7	9	5

453

1	8	5	7	4	2	3	9	6
6	3	7	1	9	8	5	2	4
9	4	2	3	6	5	1	8	7
8	7	4	6	5	3	2	1	9
3	9	1	2	8	4	7	6	5
2	5	6	9	1	7	8	4	3
7	2	9	4	3	1	6	5	8
4	1	8	5	7	6	9	3	2
5	6	3	8	2	9	4	7	1

454

4	8	6	9	7	2	1	5	3
3	2	1	4	5	6	7	8	9
7	9	5	3	8	1	6	4	2
5	6	9	8	4	7	2	3	1
8	1	3	2	9	5	4	6	7
2	4	7	6	1	3	8	9	5
6	5	4	1	2	9	3	7	8
9	3	2	7	6	8	5	1	4
1	7	8	5	3	4	9	2	6

455

1	3	7	9	5	4	2	8	6
6	5	9	2	8	3	4	1	7
8	2	4	6	1	7	9	5	3
9	7	1	8	2	5	3	6	4
3	8	2	4	6	1	7	9	5
4	6	5	3	7	9	8	2	1
7	4	6	1	9	8	5	3	2
5	1	8	7	3	2	6	4	9
2	9	3	5	4	6	1	7	8

456

5	2	3	4	1	9	8	7	6
6	1	9	8	7	3	4	2	5
7	8	4	6	2	5	3	9	1
4	7	2	5	3	8	1	6	9
9	5	6	2	4	1	7	3	8
1	3	8	7	9	6	5	4	2
3	6	7	1	8	2	9	5	4
8	9	5	3	6	4	2	1	7
2	4	1	9	5	7	6	8	3

457

6	5	1	2	9	8	7	3	4
8	9	7	3	1	4	2	6	5
4	2	3	7	6	5	1	8	9
2	4	6	1	5	7	3	9	8
9	1	8	4	3	6	5	2	7
3	7	5	8	2	9	4	1	6
7	3	4	9	8	1	6	5	2
5	8	2	6	7	3	9	4	1
1	6	9	5	4	2	8	7	3

458

3	7	5	6	9	2	8	1	4
2	8	6	1	3	4	9	5	7
1	9	4	8	5	7	2	3	6
6	2	7	5	1	9	4	8	3
8	1	3	2	4	6	7	9	5
4	5	9	7	8	3	6	2	1
5	4	2	9	7	1	3	6	8
7	6	8	3	2	5	1	4	9
9	3	1	4	6	8	5	7	2

459

2	6	8	5	4	7	1	9	3
9	7	1	6	2	3	8	4	5
5	4	3	8	1	9	2	7	6
6	5	9	3	8	4	7	1	2
3	1	7	9	5	2	4	6	8
8	2	4	1	7	6	3	5	9
7	3	5	2	6	1	9	8	4
4	9	6	7	3	8	5	2	1
1	8	2	4	9	5	6	3	7

460

1	5	2	8	6	4	3	9	7
8	7	6	5	9	3	1	2	4
3	9	4	1	7	2	6	8	5
7	6	1	2	5	8	4	3	9
2	3	5	9	4	6	8	7	1
4	8	9	3	1	7	5	6	2
5	1	8	7	3	9	2	4	6
9	4	3	6	2	1	7	5	8
6	2	7	4	8	5	9	1	3

461

8	1	2	6	3	4	7	5	9
6	3	4	7	5	9	8	1	2
7	5	9	1	2	8	4	6	3
9	6	5	2	4	3	1	8	7
1	7	3	5	8	6	2	9	4
4	2	8	9	1	7	6	3	5
3	8	1	4	7	5	9	2	6
2	4	6	3	9	1	5	7	8
5	9	7	8	6	2	3	4	1

462

3	6	1	7	5	9	2	4	8
5	2	9	8	1	4	7	6	3
4	8	7	2	3	6	5	1	9
7	5	2	4	8	3	1	9	6
6	4	3	9	7	1	8	5	2
1	9	8	5	6	2	4	3	7
9	7	4	6	2	5	3	8	1
8	1	5	3	9	7	6	2	4
2	3	6	1	4	8	9	7	5

463

2	7	1	3	6	8	4	5	9
3	5	8	7	9	4	1	6	2
4	6	9	1	2	5	8	3	7
5	4	3	9	8	1	7	2	6
6	1	7	4	5	2	3	9	8
8	9	2	6	7	3	5	4	1
1	8	5	2	3	6	9	7	4
7	2	4	5	1	9	6	8	3
9	3	6	8	4	7	2	1	5

464

8	1	2	7	3	5	4	6	9
6	9	4	8	1	2	5	3	7
7	3	5	4	9	6	2	8	1
2	6	3	5	7	9	1	4	8
1	5	8	6	2	4	7	9	3
4	7	9	1	8	3	6	5	2
3	4	7	9	5	1	8	2	6
5	2	1	3	6	8	9	7	4
9	8	6	2	4	7	3	1	5

465

9	3	8	6	7	5	2	1	4
2	7	5	1	8	4	6	3	9
1	4	6	3	2	9	8	7	5
4	9	2	8	1	3	7	5	6
7	5	3	2	9	6	1	4	8
6	8	1	4	5	7	9	2	3
5	1	9	7	3	8	4	6	2
8	6	7	5	4	2	3	9	1
3	2	4	9	6	1	5	8	7

466

6	5	8	7	9	1	2	3	4
1	9	2	4	8	3	5	7	6
7	4	3	2	6	5	1	9	8
5	3	9	6	4	2	8	1	7
4	6	7	1	5	8	3	2	9
2	8	1	3	7	9	6	4	5
8	2	5	9	1	7	4	6	3
3	7	4	5	2	6	9	8	1
9	1	6	8	3	4	7	5	2

467

1	9	7	5	2	4	3	8	6
6	5	4	3	8	1	9	2	7
2	8	3	9	6	7	5	4	1
7	2	5	6	4	8	1	3	9
4	6	9	1	3	2	8	7	5
3	1	8	7	5	9	2	6	4
8	7	1	4	9	3	6	5	2
5	4	2	8	1	6	7	9	3
9	3	6	2	7	5	4	1	8

468

8	5	3	4	6	7	2	1	9
1	7	9	5	3	2	8	4	6
2	6	4	8	9	1	7	5	3
6	4	2	9	1	5	3	8	7
3	9	1	7	4	8	5	6	2
7	8	5	6	2	3	4	9	1
5	1	6	3	7	4	9	2	8
4	2	7	1	8	9	6	3	5
9	3	8	2	5	6	1	7	4

469

1	2	9	8	3	7	5	6	4
3	7	4	9	6	5	1	2	8
6	5	8	1	2	4	9	7	3
5	4	1	3	8	6	7	9	2
8	9	6	7	1	2	3	4	5
2	3	7	4	5	9	6	8	1
7	1	3	2	9	8	4	5	6
4	6	2	5	7	3	8	1	9
9	8	5	6	4	1	2	3	7

470

8	9	2	5	7	4	3	6	1
6	5	3	8	9	1	7	2	4
4	1	7	6	3	2	9	5	8
9	4	8	3	6	7	2	1	5
7	6	1	4	2	5	8	9	3
3	2	5	9	1	8	4	7	6
2	7	4	1	5	3	6	8	9
1	3	6	2	8	9	5	4	7
5	8	9	7	4	6	1	3	2

471

5	9	8	1	2	3	7	4	6
2	7	6	9	4	5	3	1	8
3	1	4	7	8	6	5	2	9
1	8	7	3	9	4	2	6	5
9	4	2	5	6	7	1	8	3
6	3	5	2	1	8	4	9	7
8	6	3	4	5	1	9	7	2
7	2	1	6	3	9	8	5	4
4	5	9	8	7	2	6	3	1

472

8	7	5	9	4	3	2	1	6
4	2	9	6	5	1	3	7	8
3	1	6	2	7	8	9	5	4
2	5	4	1	8	6	7	3	9
7	6	1	5	3	9	8	4	2
9	8	3	4	2	7	1	6	5
5	4	7	3	9	2	6	8	1
1	3	2	8	6	4	5	9	7
6	9	8	7	1	5	4	2	3

473

2	7	9	3	5	8	6	1	4
1	5	6	4	2	9	7	3	8
4	8	3	6	1	7	9	5	2
8	4	7	5	6	1	3	2	9
5	6	1	2	9	3	4	8	7
9	3	2	7	8	4	1	6	5
6	9	4	8	3	5	2	7	1
7	2	5	1	4	6	8	9	3
3	1	8	9	7	2	5	4	6

474

8	1	6	3	9	2	5	7	4
9	4	5	1	6	7	3	2	8
2	7	3	5	8	4	6	1	9
6	3	2	9	7	1	8	4	5
1	8	7	4	5	3	2	9	6
4	5	9	8	2	6	1	3	7
3	6	8	7	1	9	4	5	2
7	2	1	6	4	5	9	8	3
5	9	4	2	3	8	7	6	1

475

1	7	3	9	5	6	2	8	4
8	5	6	4	7	2	3	9	1
2	9	4	3	8	1	7	6	5
5	3	8	2	1	4	9	7	6
7	2	9	5	6	3	4	1	8
4	6	1	8	9	7	5	2	3
6	4	5	7	2	8	1	3	9
3	8	7	1	4	9	6	5	2
9	1	2	6	3	5	8	4	7

476

6	5	4	7	9	1	3	8	2
9	7	3	8	6	2	4	1	5
1	8	2	3	5	4	6	7	9
2	3	8	4	1	5	9	6	7
4	1	7	9	8	6	2	5	3
5	9	6	2	3	7	1	4	8
8	6	9	1	7	3	5	2	4
7	4	1	5	2	9	8	3	6
3	2	5	6	4	8	7	9	1

477

9	3	6	7	4	1	5	8	2
1	8	4	3	5	2	6	9	7
5	7	2	8	6	9	3	1	4
3	6	8	2	1	7	9	4	5
7	1	5	4	9	6	8	2	3
4	2	9	5	3	8	7	6	1
2	9	3	1	8	5	4	7	6
6	4	7	9	2	3	1	5	8
8	5	1	6	7	4	2	3	9

478

3	4	9	8	1	7	6	5	2
5	6	7	3	2	9	8	1	4
2	8	1	5	6	4	7	9	3
6	9	5	7	3	2	4	8	1
1	7	8	4	9	6	3	2	5
4	2	3	1	8	5	9	7	6
8	3	4	9	5	1	2	6	7
7	1	2	6	4	8	5	3	9
9	5	6	2	7	3	1	4	8

479

9	3	7	4	5	2	8	6	1
6	4	1	8	7	9	5	2	3
8	5	2	3	6	1	4	7	9
1	7	9	5	2	8	6	3	4
5	8	6	9	4	3	2	1	7
4	2	3	6	1	7	9	5	8
7	1	4	2	8	5	3	9	6
3	6	5	7	9	4	1	8	2
2	9	8	1	3	6	7	4	5

480

6	2	8	4	5	9	7	1	3
1	4	7	3	8	2	5	6	9
3	9	5	1	6	7	8	2	4
8	3	4	2	7	1	9	5	6
7	6	2	9	3	5	1	4	8
5	1	9	8	4	6	3	7	2
2	8	3	7	1	4	6	9	5
9	5	1	6	2	8	4	3	7
4	7	6	5	9	3	2	8	1

481

9	4	3	7	2	6	1	5	8
7	2	6	1	5	8	3	9	4
5	1	8	9	4	3	6	2	7
3	8	2	4	6	1	9	7	5
4	6	5	8	9	7	2	3	1
1	9	7	2	3	5	8	4	6
2	5	1	6	7	9	4	8	3
8	3	9	5	1	4	7	6	2
6	7	4	3	8	2	5	1	9

482

5	1	2	6	9	4	7	8	3
4	7	3	5	8	1	9	6	2
8	6	9	2	7	3	5	1	4
2	5	7	1	3	9	6	4	8
1	4	6	7	2	8	3	5	9
9	3	8	4	6	5	2	7	1
7	2	1	9	4	6	8	3	5
3	9	5	8	1	7	4	2	6
6	8	4	3	5	2	1	9	7

483

5	4	1	2	7	9	3	8	6
7	2	9	3	8	6	5	1	4
3	6	8	1	4	5	2	7	9
9	3	4	7	6	2	8	5	1
8	1	6	5	9	3	4	2	7
2	7	5	8	1	4	6	9	3
6	5	7	4	2	1	9	3	8
1	9	3	6	5	8	7	4	2
4	8	2	9	3	7	1	6	5

484

2	7	4	5	3	1	9	8	6
5	6	3	9	7	8	4	2	1
9	1	8	6	2	4	5	3	7
7	8	6	4	1	5	2	9	3
4	3	2	7	9	6	8	1	5
1	5	9	2	8	3	6	7	4
3	9	5	1	4	2	7	6	8
8	4	7	3	6	9	1	5	2
6	2	1	8	5	7	3	4	9

485

2	5	3	6	8	7	1	4	9
7	9	4	1	2	5	3	6	8
8	1	6	3	4	9	5	2	7
3	8	5	2	7	4	9	1	6
9	6	2	8	5	1	4	7	3
1	4	7	9	6	3	2	8	5
4	3	8	7	9	2	6	5	1
6	2	1	5	3	8	7	9	4
5	7	9	4	1	6	8	3	2

486

3	6	1	8	7	5	9	2	4
4	9	7	2	6	1	8	5	3
2	8	5	3	9	4	6	1	7
9	1	6	5	3	7	4	8	2
5	7	3	4	8	2	1	9	6
8	2	4	9	1	6	7	3	5
7	3	2	1	4	9	5	6	8
1	4	8	6	5	3	2	7	9
6	5	9	7	2	8	3	4	1

487

4	5	3	7	9	8	1	6	2
1	8	9	2	5	6	3	7	4
6	2	7	3	1	4	9	8	5
5	1	4	8	2	7	6	9	3
9	7	6	4	3	5	2	1	8
8	3	2	9	6	1	5	4	7
3	4	5	6	8	9	7	2	1
2	9	8	1	7	3	4	5	6
7	6	1	5	4	2	8	3	9

488

9	1	8	6	7	3	2	5	4
4	5	7	8	2	1	9	6	3
2	6	3	9	4	5	1	8	7
1	7	5	4	3	2	6	9	8
3	4	9	1	6	8	7	2	5
6	8	2	5	9	7	3	4	1
5	9	1	7	8	6	4	3	2
8	2	6	3	1	4	5	7	9
7	3	4	2	5	9	8	1	6

489

4	2	8	5	7	1	6	9	3
1	5	9	8	3	6	4	2	7
3	7	6	4	9	2	5	8	1
8	9	7	6	4	5	3	1	2
5	4	3	2	1	7	8	6	9
2	6	1	9	8	3	7	4	5
6	1	4	3	5	9	2	7	8
7	3	2	1	6	8	9	5	4
9	8	5	7	2	4	1	3	6

490

7	1	6	2	8	5	3	4	9
5	4	3	7	1	9	2	8	6
2	9	8	6	3	4	5	7	1
4	6	1	8	9	3	7	2	5
9	8	7	5	4	2	6	1	3
3	5	2	1	6	7	4	9	8
8	7	4	9	5	6	1	3	2
1	3	5	4	2	8	9	6	7
6	2	9	3	7	1	8	5	4

491

2	3	7	8	5	1	6	9	4
5	4	1	6	9	3	2	8	7
9	8	6	4	7	2	1	3	5
6	7	9	5	2	4	3	1	8
8	1	5	9	3	6	4	7	2
4	2	3	1	8	7	5	6	9
3	9	4	7	1	5	8	2	6
1	5	8	2	6	9	7	4	3
7	6	2	3	4	8	9	5	1

492

9	4	7	8	1	3	2	5	6
6	3	8	2	4	5	9	1	7
2	5	1	6	9	7	8	3	4
4	7	9	3	8	6	1	2	5
1	6	2	7	5	9	4	8	3
5	8	3	4	2	1	7	6	9
3	9	6	1	7	2	5	4	8
7	2	4	5	3	8	6	9	1
8	1	5	9	6	4	3	7	2

493

9	6	5	3	8	1	7	2	4
3	7	2	4	5	6	8	1	9
8	4	1	7	9	2	3	6	5
4	3	8	1	7	9	2	5	6
6	1	9	5	2	3	4	7	8
2	5	7	6	4	8	1	9	3
5	8	4	9	1	7	6	3	2
1	2	6	8	3	5	9	4	7
7	9	3	2	6	4	5	8	1

494

7	4	3	6	2	1	9	8	5
9	6	1	5	4	8	2	7	3
5	8	2	9	7	3	4	6	1
4	7	5	3	1	6	8	9	2
6	3	9	2	8	5	1	4	7
2	1	8	7	9	4	3	5	6
8	9	7	1	6	2	5	3	4
3	2	4	8	5	7	6	1	9
1	5	6	4	3	9	7	2	8

495

7	9	3	5	6	2	8	4	1
6	5	1	4	9	8	7	2	3
8	4	2	3	7	1	6	5	9
1	3	5	8	4	9	2	7	6
2	7	8	6	3	5	1	9	4
4	6	9	1	2	7	3	8	5
5	2	4	7	1	6	9	3	8
3	1	7	9	8	4	5	6	2
9	8	6	2	5	3	4	1	7

496

9	8	3	7	1	2	4	5	6
5	2	6	4	9	3	8	1	7
4	1	7	6	5	8	2	9	3
3	4	9	2	8	7	1	6	5
2	5	1	9	6	4	3	7	8
7	6	8	1	3	5	9	2	4
6	9	4	8	7	1	5	3	2
1	3	2	5	4	6	7	8	9
8	7	5	3	2	9	6	4	1

497

6	2	4	9	8	5	3	1	7
9	5	1	7	2	3	4	6	8
3	8	7	1	6	4	9	2	5
5	9	8	3	7	2	1	4	6
7	6	3	4	1	8	2	5	9
1	4	2	6	5	9	8	7	3
4	1	9	5	3	7	6	8	2
2	7	6	8	9	1	5	3	4
8	3	5	2	4	6	7	9	1

498

8	2	7	5	3	9	6	1	4
9	5	6	4	1	7	8	3	2
3	4	1	8	6	2	5	9	7
4	1	8	7	9	6	3	2	5
7	6	5	3	2	4	9	8	1
2	9	3	1	5	8	4	7	6
6	3	2	9	4	1	7	5	8
5	7	4	2	8	3	1	6	9
1	8	9	6	7	5	2	4	3

499

8	3	9	6	5	4	7	1	2
7	5	6	3	2	1	8	9	4
1	4	2	7	9	8	3	5	6
5	9	1	2	8	7	4	6	3
6	8	7	9	4	3	5	2	1
4	2	3	1	6	5	9	8	7
2	6	4	5	3	9	1	7	8
3	7	5	8	1	6	2	4	9
9	1	8	4	7	2	6	3	5

500

2	6	9	5	4	8	1	3	7
4	8	1	7	6	3	2	5	9
5	7	3	9	1	2	6	8	4
1	3	5	8	2	4	9	7	6
6	9	4	3	7	5	8	2	1
8	2	7	6	9	1	3	4	5
7	4	8	1	3	6	5	9	2
3	1	2	4	5	9	7	6	8
9	5	6	2	8	7	4	1	3

슈퍼 스도쿠 500문제 스프링북 초급·중급

1판 1쇄 펴낸 날 2026년 4월 10일

지은이 오정환
주간 안채원
편집 윤대호, 채선희, 윤성하, 장서진
디자인 김수인, 이예은
마케팅 함정윤, 김희진

펴낸이 박윤태
펴낸곳 보누스
등록 2001년 8월 17일 제313-2002-179호
주소 서울시 마포구 동교로12안길 31 보누스 4층
전화 02-333-3114
팩스 02-3143-3254
이메일 bonus@bonusbook.co.kr
인스타그램 @bonusbook_publishing

ISBN 978-89-6494-787-6 03410

• 이 책은《슈퍼 스도쿠 500문제 초급 중급》의 스프링판입니다.
• 책값은 뒤표지에 있습니다.

IQ 148을 위한 **슈퍼 스도쿠 시리즈**

슈퍼 스도쿠 스페셜
퍼즐러 미디어 리미티드 지음 | 272면

슈퍼 스도쿠 마스터
퍼즐러 미디어 리미티드 지음 | 280면

슈퍼 스도쿠 프리미어
마인드 게임 지음 | 268면

슈퍼 스도쿠 인피니티
마인드 게임 지음 | 268면

슈퍼 스도쿠 500문제 초급 중급
오정환 지음 | 312면

슈퍼 스도쿠 500문제 중급
오정환 지음 | 312면

슈퍼 스도쿠 트레이닝 500문제 초급 중급
이민석 지음 | 360면

슈퍼 스도쿠 트레이닝 500문제 중급
이민석 지음 | 360면

슈퍼 스도쿠 초고난도 200문제
크리스티나 스미스 외 지음 | 336면

슈퍼 스도쿠
600문제 초급 중급
이민석 지음 | 368면

큰글씨판 슈퍼 스도쿠
100문제 기초
오정환 지음 | 128면

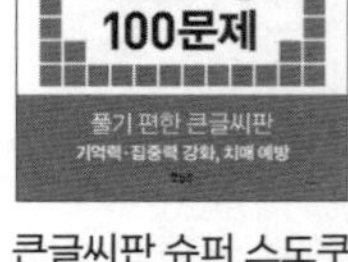

큰글씨판 슈퍼 스도쿠
100문제 초급
오정환 지음 | 136면

큰글씨판 슈퍼 스도쿠
100문제 초급 중급
오정환 지음 | 136면

큰글씨판 슈퍼 스도쿠 연습
오정환 지음 | 128면

큰글씨판 슈퍼 스도쿠 초급
오정환 지음 | 136면

슈퍼 스도쿠 시니어 기초
슈퍼스도쿠퍼즐
연구소 지음 | 96면

슈퍼 스도쿠 시니어 기초
슈퍼스도쿠퍼즐
연구소 지음 | 96면

지적 여행자를 위한
슈퍼 스도쿠 200문제
오정환 지음 | 272면